利根川民俗誌

日本の原風景を歩く

筒井 功

河出書房新社

はじめに

『利根川図志』という本がある。幕末の安政五年（一八五八）に出版された。地誌の一種で、利根川中、下流域の村々の歴史、地理、風物、民俗、名所、旧跡、産物、伝説、異聞、地名の由来などが取上げられている。図版が多く、その数は八〇点ほどにのぼる。『図志』の表題は、それによっているのであろう。

著者は赤松宗旦《そうたん》といい、本業は医師であった。宗旦は文化三年（一八〇六）、利根川下流沿いの下総国相馬郡布川《ふかわ》村（現茨城県利根町布川）で生まれた。幼いころ両親とともに江戸に出て、やはり医師だった父の死後は母の実家などで暮らしたあと、数えの三三歳のとき布川へ戻り、五七歳で没するまでここに住んだ。

宗旦は当初、利根川の源流部から河口までの全流域の地誌を書くつもりであった。しかし、当時は源流近くまでただ行くだけでも簡単ではなかった。それで上流部分は、あきらめたのである。同書の凡例には「そは余が郷里よりは遠く隔りたる境にて、考索の便あしければ、こたびは上利根川の下なる房川《ぼう》ノ渡《わたし》以下（中略）、銚子ノ浦に終る」と記されている。

「房川ノ渡」は、現埼玉県久喜《くき》市栗橋と茨城県古河《こが》市中田とのあいだを結ぶ渡しであった。いま国道4号の一部をなしている利根川橋のあたりになる。この一・五キロばかり上流で渡良瀬川が利根川に合しているので、両川の合流点付近から河口の銚子までが『利根川図志』が扱った範囲である。

同書は長いこと手にするのが、なかなか難しい本であった。それが簡単に入手できるようになったのは、昭和十三年（一九三八）、岩波文庫の一冊として活字本が出てからである。現在では影印本（もとの書物を写真撮影した本）や、口語訳の版を含めて数種類が公刊されている。

岩波文庫版は、柳田國男が校訂し、解題も書いている。ともに、これ以上の適任者はあるまい。それは日本民俗学の創始者、柳田國男の深い学識によるばかりでなく、柳田は赤松家と付き合いがあり、また子供のじぶんから『利根川図志』を繰り返し読んでいたためである。柳田の民俗学は、この書に接したことによって始まったとの指摘があるのも、必ずしも的はずれとはいえまい。

本書は表題を『利根川民俗誌』としてある。世評の高い『利根川図志』に、ちょっと似ている。向こうを張るつもりなど全くないが、見方によっては厚かましいと受取られかねないので、このタイトルに込めた思いと、どんなことを記そうとしているのか、あらかじめ説明しておきたい。

わたしは四国の生まれだが、どうしたわけか、ここ四〇年以上も利根川または、その分流の江戸川に近い場所に住まいをかまえている。その間に松戸市、柏市、流山市、野田市と、千葉県内の四ヵ所で生活した。だが、どちらかといえば、そこにねぐらがあったというだけのことで、近隣の歴史にも地理にも関心はうすく、したがって知識もとぼしかった。四国や東北地方などの方をずっと頻繁に歩いてきた。

　そのようにして、足もとを素通りすることには何となく後ろめたさを覚えており、いつか人生の大半を過ごした土地をゆっくりまわってみたいと考えるようになっていた。といっても、ただ漫然と地元ではつかみどころがない。それで、利根川流域にしぼって、できるだけ詳しく見聞してみることを思い立ったのである。

　そうなると、まず浮かんだのが『利根川図志』であった。わたしはしばしば、この本を参考にして訪ねる場所を決めた。ある土地をひととおり歩きおわって、さて次はどこかとなったとき、だいたいは同書をめくったのである。そんな折り、この本は常に参考になった。なるほど、こんなところがあったのかと教えられることが、すこぶる多かった。とくに、付された図版は役に立った。

　しかし、本書は『利根川図志』を解説したり、そこに書かれている場所の現状を報告することを目的にはしていない。口はばったい言い分ながら、あくまで二一世紀初頭の視点に立って、利根川流域で暮らしてきた人びとの生活を眺めようとする試みである。ただ、その範囲は図志と同じく利根川と渡良瀬川との落合いより下流にかぎられている。理由は簡単で、わたしもやはり全流域を調べるだけの時間がなかったのである。それに、源流までを扱ったら分量が膨大になりすぎて出版には不向きなこともあった。

　この種の著作の内容は結局、著者の体質、趣味、関心のありかの制約を受ける。だれしもの興味に応えられる事がらだけを取上げることなどできない。そもそも、そんなものはあり得ないのではないか。わたしも民俗の全般に言及することは初めから考えなかった。つまり、対象の選択は全くの自己流によっている。さらに、記述量の均衡には、あまり気をくばっていない。必要と考えた場合は十分な紙数を費やし、そうでないときには、ごくあっさりと触れるか、いっさい省略してしまう方針をとった。

『利根川図志』が、いまから一五〇年余り前の利根川中、下流域の人びとの暮らしを鮮やかに切り取っていることはいうまでもない。現在のわれわれの生活は過去の延長の上に成り立っているので、当然、本書には図志からの引用が繰り返し出てくることになる。また、同書の校訂をした柳田國男は、その出版からちょうど三〇年目に、故郷の現兵庫県福崎町を出て布川へ転居していた。柳田が布川に住んだのは二年半ばかりにすぎなかったが、ここでの日々は強烈な印象を残したらしく、その著書には利根川べりのことがしばしば現れる。そのため『故郷七十年』をはじめ、柳田の著述からも多くの文を引かせていただくことになった。

ただし、本書は既刊の出版物を写し取り、それをつなげて一冊にしたものではない。そんなことは赤松宗旦や柳田國男に対しても非礼で、できるものではない。あくまで、わたしが地の利を生かして繰り返し現地を訪れた観察と聞取りを核にしたものである。その際、話を理解しやすくするため写真や、つたないながら手書きの図をできるだけたくさん付けることにした。

なお、本書の旅は宗旦に敬意を表して、まず布川から始め、おおむね利根川を順にさかのぼって渡良瀬川との合流点に至ったあと、再び布川へ戻り今度は利根川を下って、最後に銚子で終わるという形をとっている。

利根川民俗誌　日本の原風景を歩く ◉ 目次

取手市
関
東
龍ケ崎市
北相馬郡
利根町
柏市
我孫子市
印西市
白井市
岡
布施
小文間
中峠
押付新田
布佐
布川

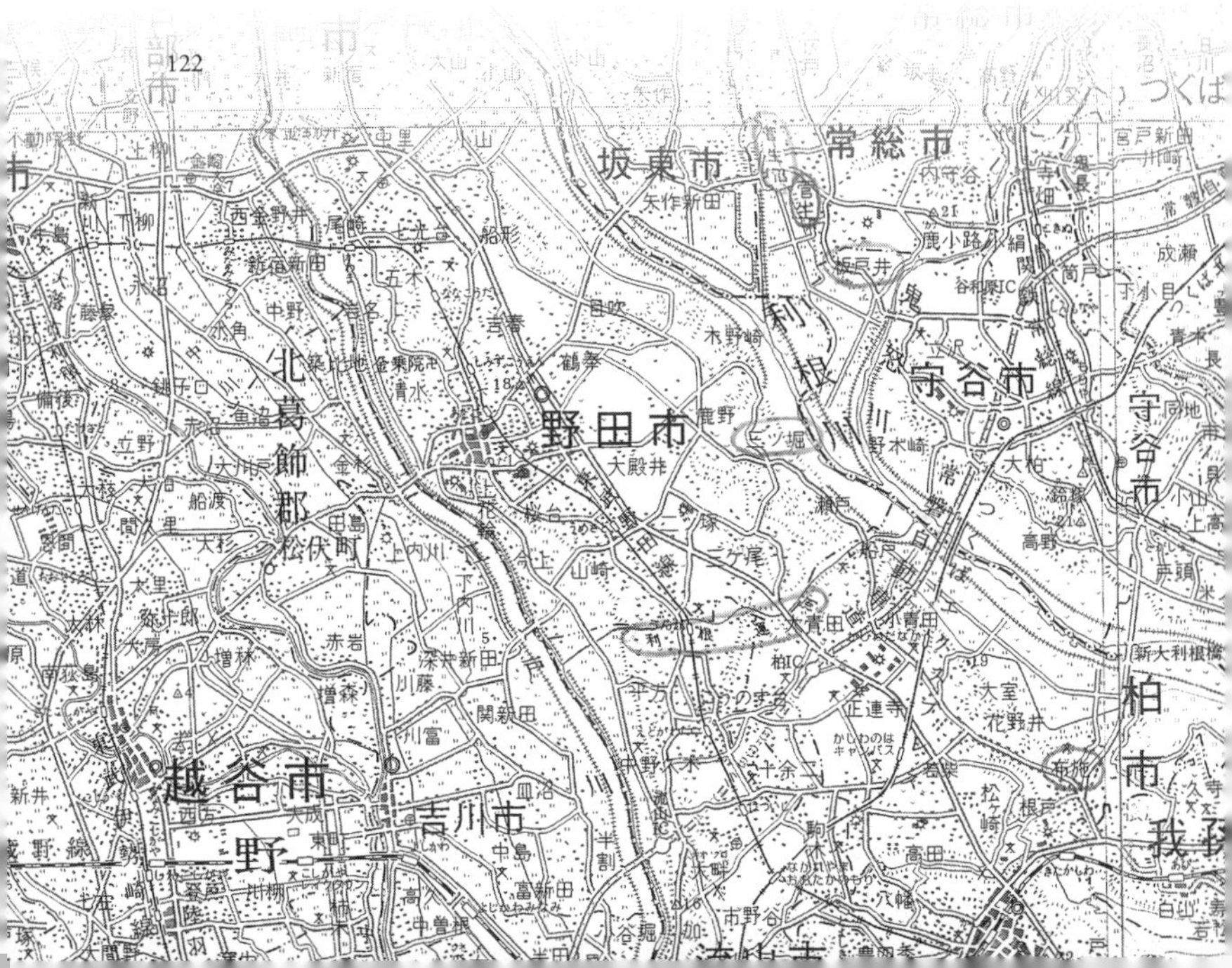
常総市
坂東市
守谷市
野田市
北葛飾郡
越谷市
吉川市
柏
市

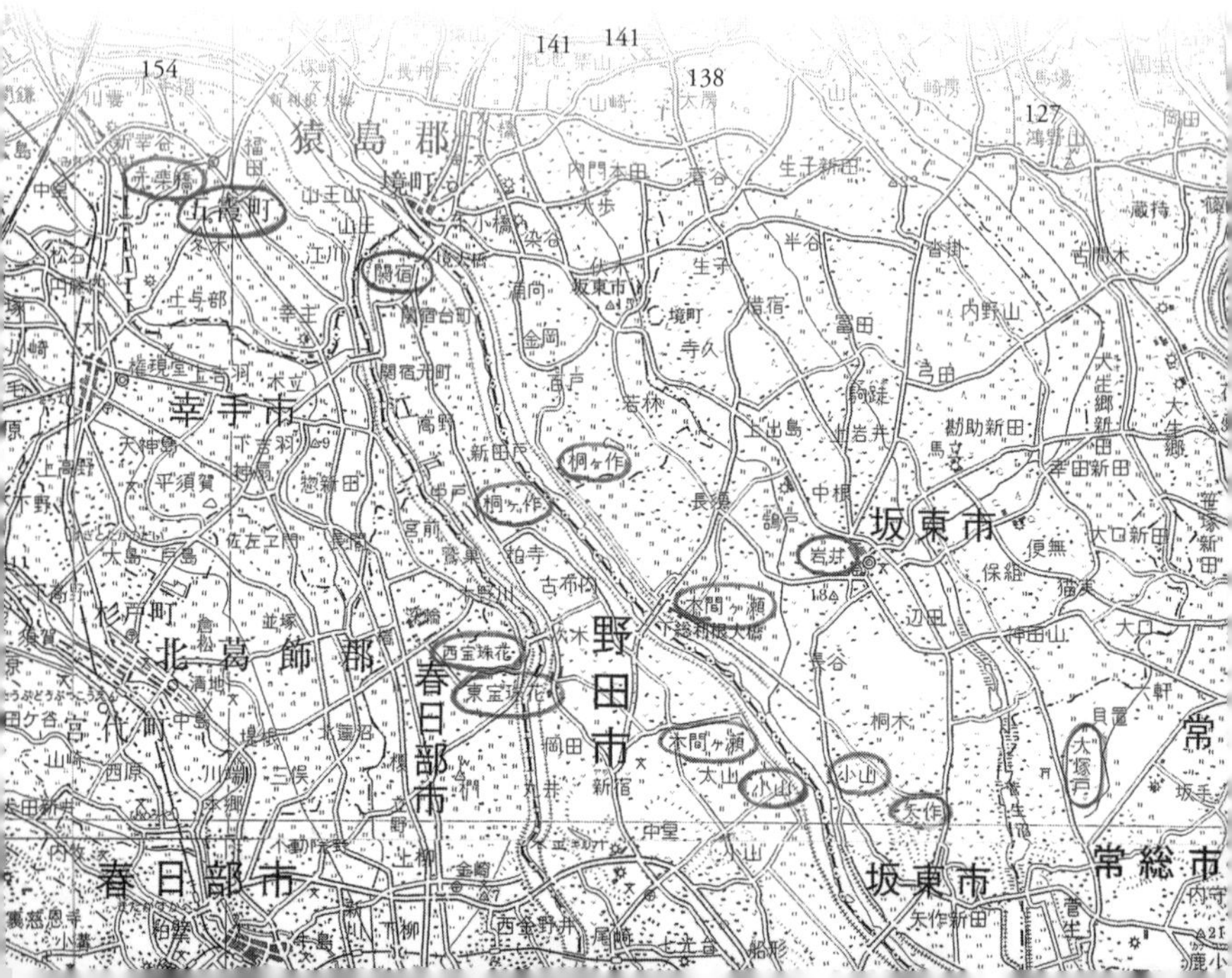
猿島郡
幸手市
北葛飾郡
春日部市
野田市
坂東市
常総市
五霞町
関宿
西宝珠花
東宝珠花
木間ヶ瀬
岩井
矢作
大塚戸
桐ヶ作
小山

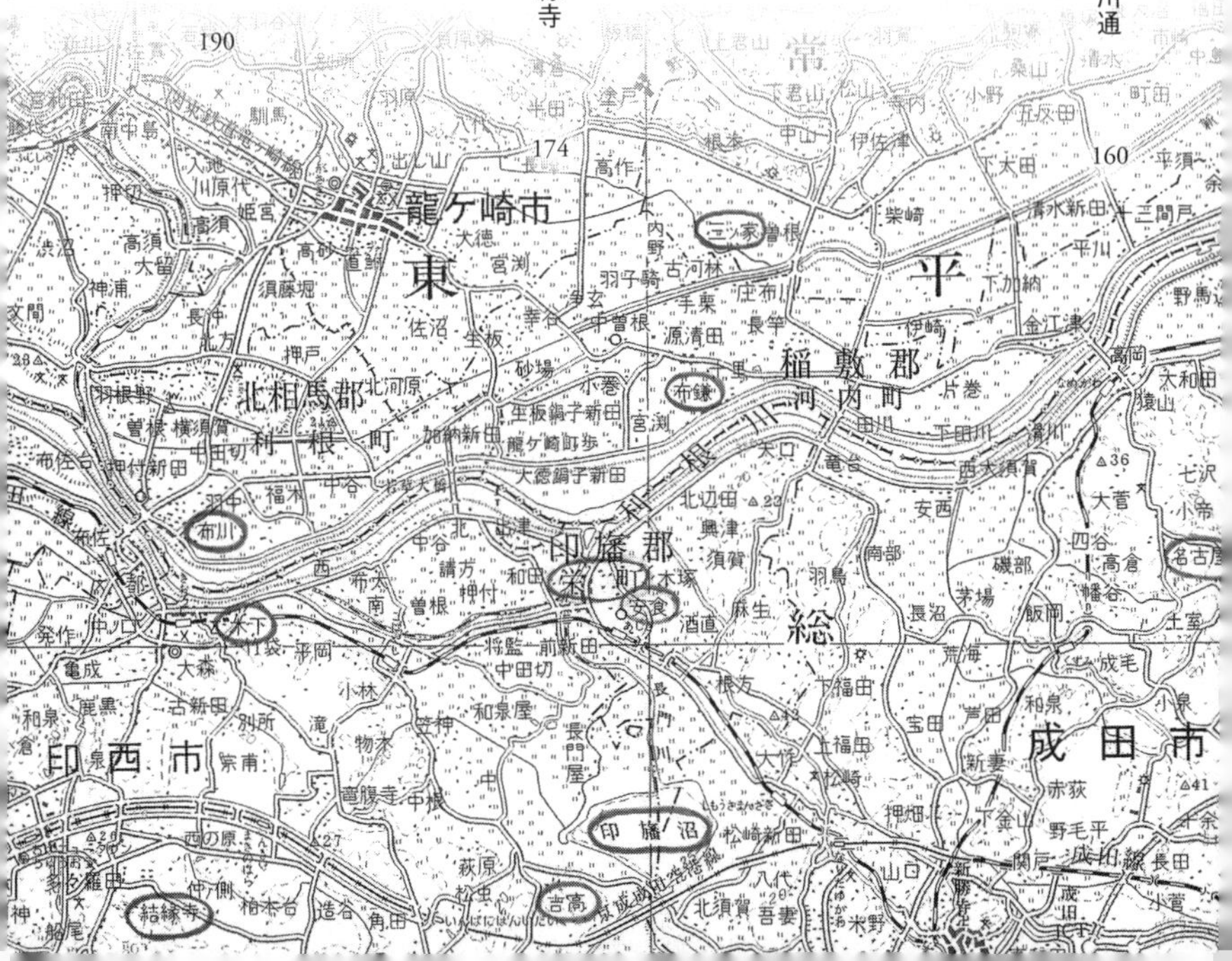
龍ケ崎市
北相馬郡
利根町
稲敷郡
河内町
印旛郡
栄町
印西市
成田市
布川
木下
布鎌
安食
印旛沼
結縁寺
吉高
名古屋

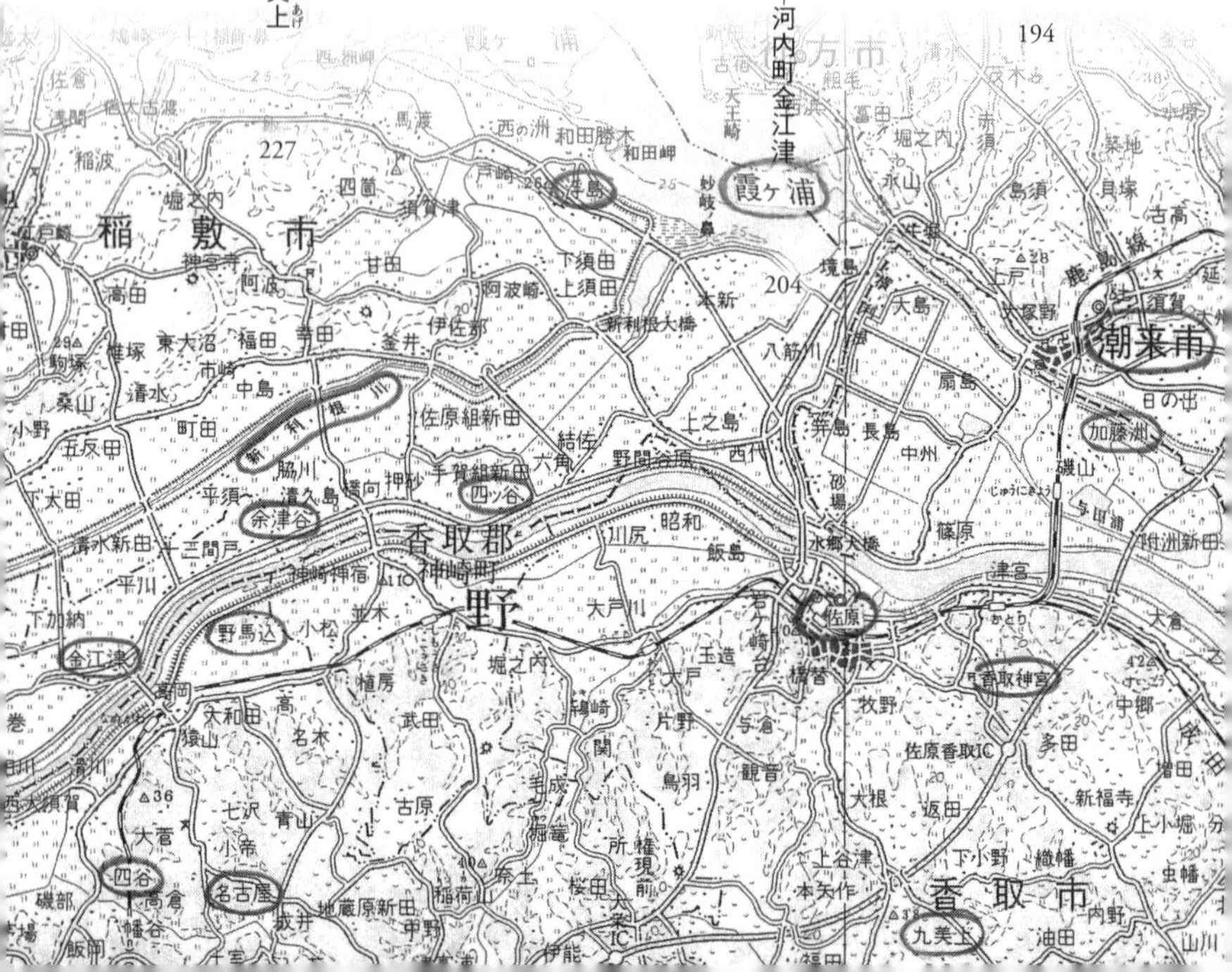
霞ヶ浦
行方市
稲敷市
浮島
潮来市
加藤洲
新利根川
四ツ谷
余津谷
香取郡
神崎町
佐原
野馬込
金江津
香取神宮
四谷
名古屋
九美上
香取市

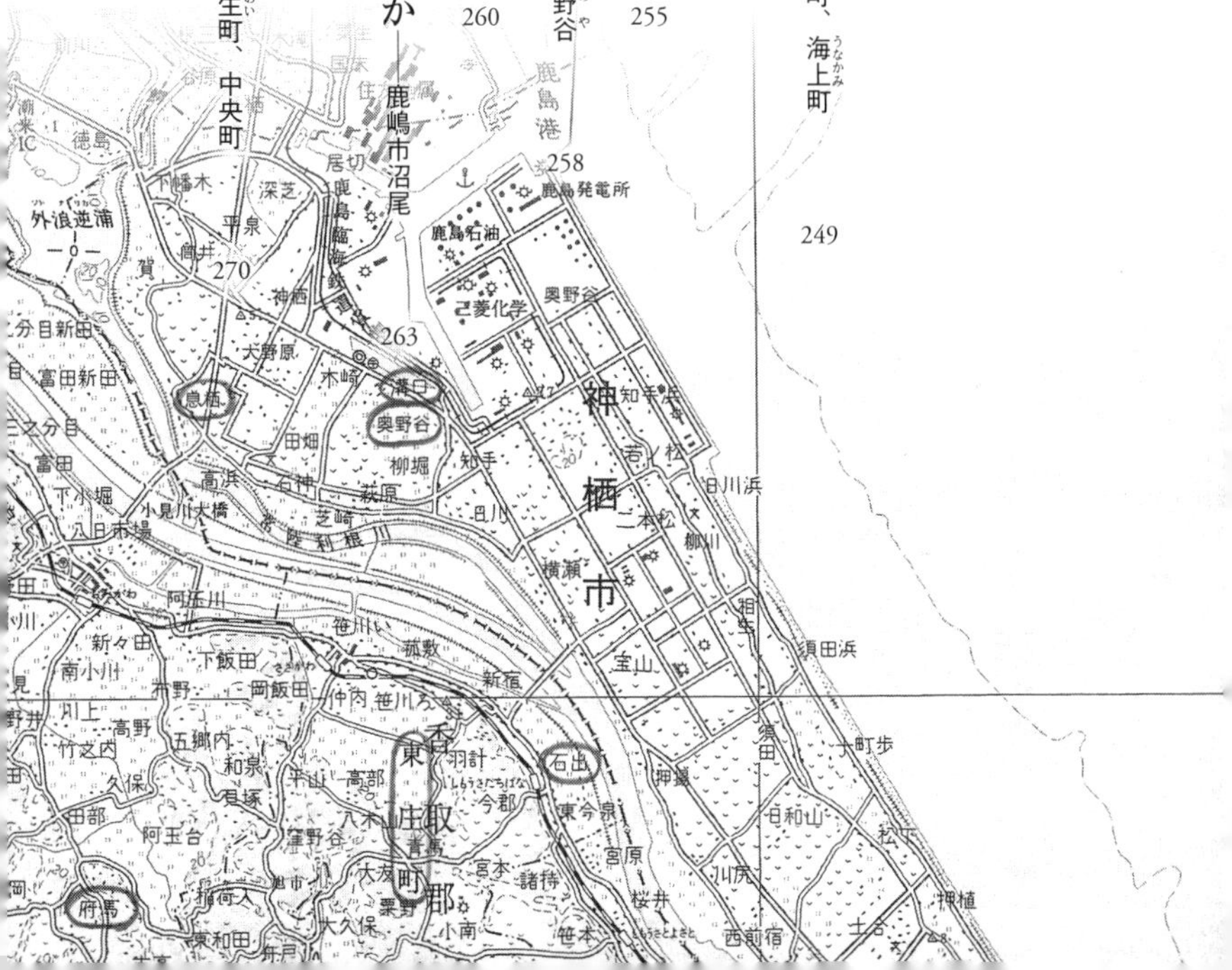
鹿島港
鹿島発電所
鹿島石油
三菱化学
奥野谷
神栖市
知手浜
若松
日川浜
二本松
柳川
横瀬
須田浜
宝山
息栖
溝口
奥野谷
柳堀
知手
田畑
高浜
石神
萩原
芝崎
常陸利根川
小見川大橋
八日市場
富田新田
大野原
木崎
神栖
深芝
平泉
居切
下幡木
徳島
外浪逆浦
笹川
新宿
東庄町
香取郡
石出
東今泉
宮原
桜井
西宿
押植
日和山
今郡
諸持
宮本
大友
高部
平山
新々田
南小川
高野
久保
阿玉台
稲荷入
東和田
大久保
府馬
下飯田
岡飯田

目次下の地図は20万分ノ1図より

装幀——山元伸子　カバー写真©PIXTA

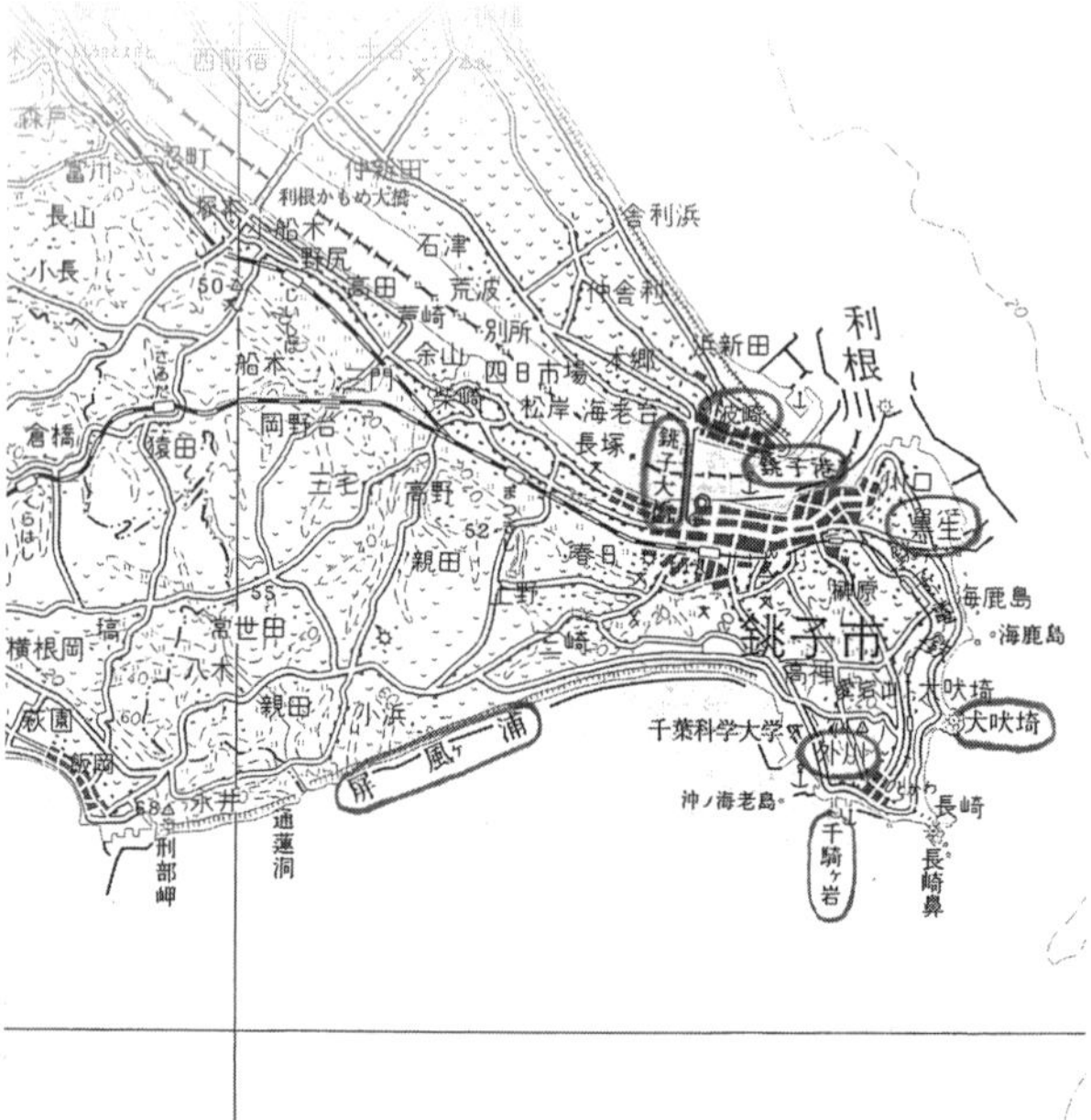

利根川民俗誌

日本の原風景を歩く

第Ⅰ部●赤松宗旦、柳田國男の故地・布川から上流へ

一　利根町布川

1　徳満寺

現茨城県北相馬郡利根町布川は、利根川河口の銚子と、渡良瀬川との合流点の中間あたりに位置している。利根川は、このすぐ下流でほぼ直角に屈曲しており、その曲がり角から二キロばかり上手の左岸（北東岸）が布川になる。

布川の付近は広大な低湿地だが、ただ川に面した一角から比高差で一〇メートル前後の台地が川と直角方向に延びている。昔は、ここだけが洪水をまぬかれる場所だったから、古い町並みは、このへりに沿ってできていた。『利根川図志』の著者、赤松宗旦の墓がある来見寺も、布川の総鎮守の布川神社も、柳田國男の兄の鼎《かなえ》が身を寄せた旧家の小川家跡も、みなこの台地のすそか、その上にある。

台地の突端、利根川を見下ろす場所を占めているのは真言宗豊山派の徳満寺である。この寺は、もともとは麓にあり、台地上には布川城の本丸があった。しかし、城主の豊島《としま》氏が天正十八年（一五九〇）の豊臣秀吉と後北条《ごほうじょう》氏との小田原合戦の際、敗れた後北条氏側についていたため滅んで

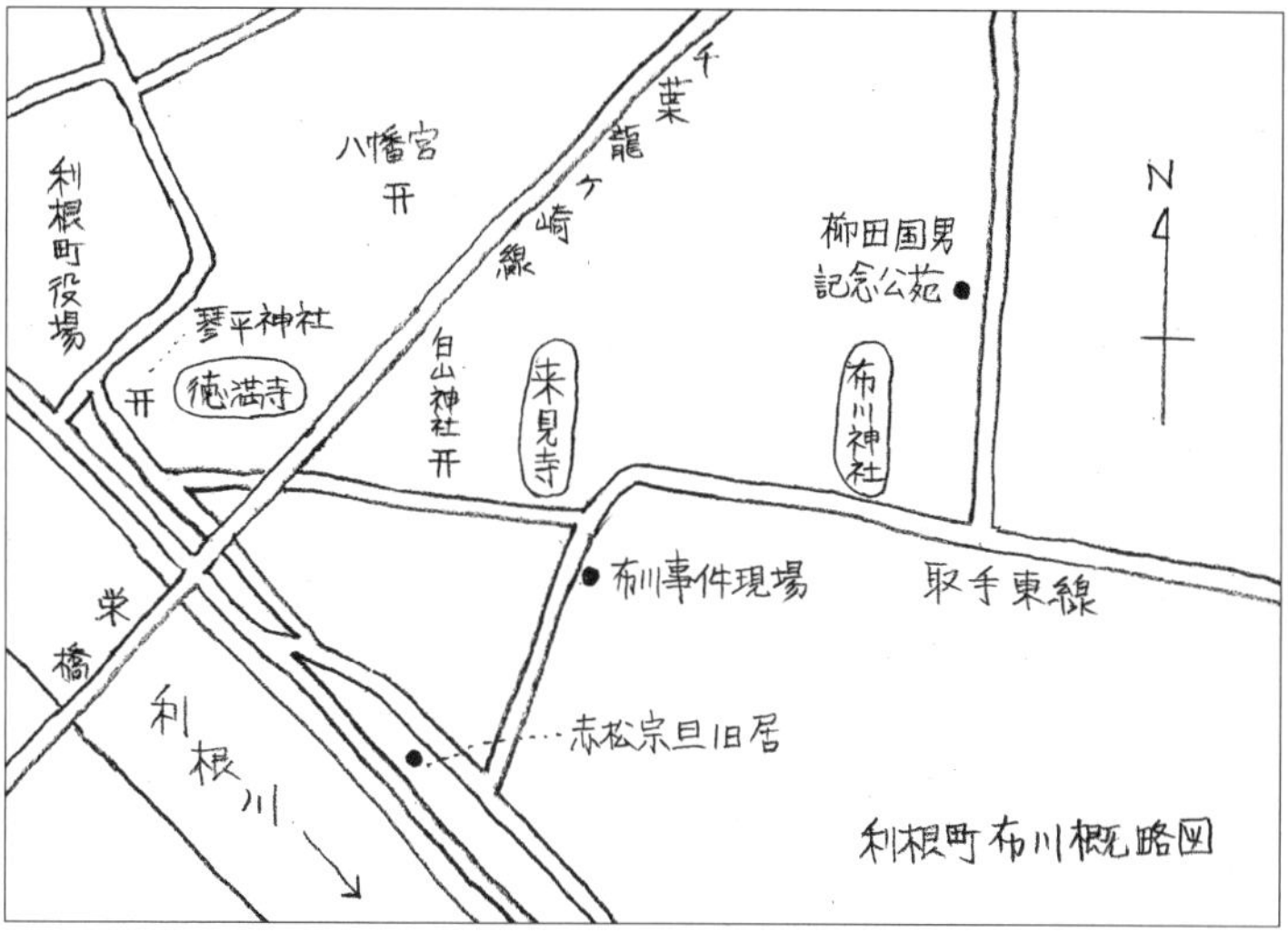

利根町布川概念図

徳満寺・地蔵市の賑わい

しまい、城も放置されていた。そこで、下の徳満寺が本丸跡へ移ってきたのだった。

同寺の本尊は木造地蔵菩薩立像で、毎年秋の七日間にかぎって開帳されていた。その期間中の旧暦十月二十一日の祭礼を地蔵祭といい、その賑わいぶりは『利根川図志』(以下、図志と略すこともある)に、

「詣人《けいにん》村々より来りて雲の如く、燈は町々に照しつれて月の如し」

と記されている。そう紹介するより、その様子は図志に付された絵を見る方が、ずっとわかりやすい。

図志の絵は何人もの絵師の手になっており、中には想像画も含まれているが、これはおそらく写実だと思われる。

ひと目で気づくとおり、いまは利根川の堤防から一〇〇メートルほども離れている門前の広場が、図志が書かれた一世紀半余り前には、じかに川に臨んでいたのである。

絵によると、当時、このあたりの利根川には堤防と呼べるほどのものはなかったらしい。水面と家々が並ぶ土地とのあいだは、せいぜいで二メートルか三メートルくらいの段差があるにすぎず、人びとはひねもす川面を眺め、夜もすがら水の音を聞きながら暮らしていたのであろう。それは川とともに生き、川によって生かされている日々であったに違いない。むろん、これでは出水時にはひとたまりもなく、ほとんど毎年のように水につかり、何年かに一度は流される家もあったのではないか。だが、銚子と江戸とをつなぐ水上交通の要衝として人を引きつけつづけていた。布川は利根川流域中での有数の川港で、宗旦は、

「布川は一帯の丘山を背《うしろ》にし、前は利根川に臨みて街衢《がいく》を列《つら》ね、人烟輻湊《ふくそう》して魚米《ぎょべい》の地と称するに足れり」

と書き残している。

現在、利根川の通常の汀《みぎわ》は、絵にある川岸から一〇〇メートル以上も後退しており、あいだには高い堤防が築かれている。もう川は全く見えず、水の音が聞こえることもない。柳田國男は、昭和三十三年（一九五八）一月から九月にかけて『神戸新聞』に連載した自伝『故郷七十年』の中で、

「布川は古い町で、いまは利根川の改修工事でなくなろうとしている」

と記している（一九七四年、朝日新聞社版による）。

これは、川の町としての布川は消えかけているとの意味だろうが、それから六〇年ほどたった今日、布川と利根川とは、ほぼ遮断されてしまったといって過言ではない。

2　済衆医院

徳満寺から東へ七〇〇メートルほど、台地の反対側のへりに、かつて小川家という旧家があった。その家は代々、医を業としていた。ところが、そこの主人の東作が若くして死去したため、後継者がいない状態になっていた。そのあとを継ぐような格好で、新たに医院を開いたのが柳田國男（柳田は養子先の姓）の長兄、松岡鼎であった。明治二十年（一八八七）二月のことである。鼎は万延元年（一八六〇）の生まれで、柳田より一五歳の年長であった。数えの一九歳で故郷

の小学校校長になっていたが、のちに述べるような事情で教師を辞め、東京帝大医学部の別科（多くの資料が、この文字を用いているが、正しくは別課か）に入学、前年に卒業していた。鼎は医院を「済衆医院」と名づけた。民衆を救済するとの意を込めたのであろう。

柳田が、ここへ引き取られたのは明治二十年九月である。数えの一三歳、満では一二歳になったばかりだった。柳田は、ここで暮らしはじめたときのことをやはり『故郷七十年』で次のように語っている。

「布川（の家＝引用者）から見渡すと手前の方にかなり背の高い松をたくさん植えている家並が続いていたが、そこからちょっと外れると、向う側はずっと松が低くなり、草っ原に近いような低い松林に続いていた。

明治二十年の九月、初めて布川に行って二、三日目に、私は、その低い松林の上をだしぬけに、白帆がすうっと通るのを発見した。初めは誰かが帆のようなものをかついで松林の向うを歩いているのではないかと思った。何しろ船も見えず、そこに川が流れていることも知らなかったからである」（三三七ページ。朝日新聞社版による。以下、同じ）

いま、このあたりには松の林など、どこにも残っていない。高低を問わず、松の木さえ見かけることがないくらいである。それはともかく、川から一キロも離れたところからでも、上り下りする川舟の白帆を望めたことになる。

國男少年が初めて『利根川図志』を手にしたのは、布川へ来て間もないころであった。小川家の母屋の裏手には土蔵があり、そこに何千冊もの本が蔵されていた。

少年は布川では全く学校へ行っていない。その理由について後年、

「体が弱かったから」

と説明している。それもあったかもしれないが、故郷で小学校の高等科を卒業していたので、布川には行くべき学校がなかったということではないか。

少年は一日の大半を土蔵の中で過ごした。そこへ自由に出入りすることを許されていたのである。そうして、書架の本を手当たりしだいにめくっているうち、『利根川図志』と題された六巻本と出会ったのだった。

布川へ来たころの柳田國男

同書には印刷本で読んでも、けっこう難解な部分がある。しかし少年は、その草書体の和本にすらすらと目を通せたらしい。彼は、いまの中学生くらいの年齢だったが、かなり書物に慣れた大人をしのぐような読書力を、すでに身に付けていた。

現在、小川家の母屋と土蔵は、もとのまま復元されて、利根町立柳田國男記念公苑となっている。そのうち、土蔵は資料館にあてられ、柳田や交際のあった人びとの写真、関連する資料類、兵庫県福崎町の生家の模型などが展示されている。

3 間引き絵馬

小川家から歩いて一〇分ほどの徳満寺には、本尊を納めておくための地蔵堂が建っていた。そ

の堂の正面右手に、だれが奉納したのか、一枚の彩色した絵馬《えま》が掛けてあった。『故郷七十年』によると、それは次のようなものだった。

「その図柄は、産褥《さんじょく》の女が鉢巻を締めて生まれたばかりの嬰児《えいじ》を抑えつけているという悲惨なものであった。障子にその女の影絵が映り、それには角《つの》が生えている。その傍に地蔵様が立って泣いているというその意味を、私は子供心に理解し、寒いような心になったことを今も憶えている」（三八ページ）

これはおそらく記憶によるもので、写真を見ながら語ったのではあるまい。

絵馬は、いまも本堂に移されて保存されている。その複製も本堂前に掲げられているが、劣化のため地蔵さまは足もとだけしか残っていない。影絵の角もほとんど確認できず、嬰児はかろうじて、それとわかるにすぎないほどである。しかし、柳田がこれを見たころには、もっとはっきりしていたのであろう。それにしても、七〇年くらいも前に目にした絵馬の図柄を、これほど明瞭に思い出せたことに驚かされる。

絵馬が、いつ奉納されたのか明らかではない。しかし、それが示している習俗は明治の半ばになっても、なおつづいていた。それは、いまからわずか一三〇年ばかり前のことにすぎない。次も前掲書の同じページからの引用である。

「布川の町に行ってもう一つ驚いたことは、どの家もいわゆる二児制で、一軒の家には男児と女児、もしくは女児と男児の二人ずつしかいないということであった。私が『兄弟八人だ』というと、『どうするつもりだ』と町の人々が目を丸くするほどで、このシステムを採らざるをえなか

徳満寺の間引き絵馬

った事情は、子供ながら私にも理解できたのである。

あの地方は四五十年前に、ひどい饑饉《ききん》に襲われた所である。食糧が欠乏した場合の調整は、死以外にない。日本の人口を溯《さかのぼ》って考えると、西南戦争のころまでは凡《およ》そ三千万人を保って来たのであるが、これはいま行われているような人工妊娠中絶の方式ではなく、もっと露骨な方式が採られて来たわけである」

その「露骨な方式」は、ふつうは間引《まび》きと呼ばれている。口べらしのため、生まれてきたばかりの子を親が殺すことである。それを柳田が二児制と表現したのは、あまりにあからさまな言い方を避けたかったからではないか。

ちなみに、柳田が驚いたもう一つのこととは、大人も子供も他家の子を呼び捨てにするという、間引きにくらべたらたわいもない、この地方の習慣だった。

柳田の母たけは男ばかり八人の子を産んでいるが、うち三人は夭逝《ようせい》したり、成人前に病死したりで、柳田が布川へ転居したときには五人兄弟になっていた。また、四、五十年前の飢饉とは、天保四年（一八三三）から同十年にかけての「天保の大飢饉」を指していると思われる。西郷隆盛らの政府への反乱「西南戦争」は明治十年（一八七七）のことである。

間引き絵馬と、それに関連する話を読んでいて気になるのは、とくに明治維新後、母親自らによる嬰児殺しが法的にどう処置されていたかである。柳田は、

「長兄の所にもよく死亡診断書の作成を依頼に町民が訪れたらしいが、兄は多くの場合拒絶していたようである」（前掲書三八ページ）

と述べている。

これは、明治二十年代になってもまだ、すべてを承知のうえで、偽りの死亡診断書を書いてくれる医者がいたということであろう。松岡鼎も、それに全く無縁でいることは難しかったのではないか。どの家にも子供は男女一人ずつしかいなかったとの柳田の指摘から考えて、間引きは地域社会全体の公然の秘密であったと思われる。実際に手を下していたのは、絵馬にあるように母親自身だったに違いない。これほど残酷な義務は、ほかにそうはあるまいが、それが貧というものであった。

間引きは決して布川近辺にかぎったことではなかった。柳田も、

「さきに語った当時の嬰児扼殺《やくさつ》が（千葉県では＝引用者）対岸の茨城県に比して少なかったのは、

柴原県令の撲滅対策があずかって力が大きかったのである」（前掲書二一二ページ）と記している。

柴原和《やわら》は千葉県の初代県令で、その任期は明治六年（一八七三）から同十三年までであった。彼が赴任したころ、県内の間引きは茨城県と何ら変わらなかったらしい。柴原は、それを見かねて堕胎や間引きを厳しく禁じたといわれている。

柳田が大学卒業後、農商務省へ入ったのは、二児制なるものをつづけざるを得なかった農村部の貧しさを何とかしなければという気持ちからであった。

4 白山神社

徳満寺の門前から、古い街路を東へ二〇〇メートルばかり行った北側、台地のすその竹藪の中に石の祠や小さな石塔が八基ほど並んでいる。手前には二本の石柱が立ち、それぞれに「奉納御《ご》寶前《ほうぜん》」の文字が見える。

近隣の人びとは、ここを白山神社と呼んでいる。たしかに、少なくとも一基には「白山」とあるが、そのほかには「稲荷」が数基、文字が確認できないものが何基かある。しかし、とにかく、このささやかな聖地は「白山さま」として知られているのである。いまは道路までのあいだが私有地になっていて、ふだんは入り口に鍵がかかっている。

白山のそばには、かつて小規模な被差別部落（以下、部落と略すこともある）があった。江戸時代のことだから、「穢多《えた》村」と呼ばれていたろう。

その部落は、すでにここには存在しない。文政七年（一八二四）、当時の布川村のほとんどに当たる七〇〇戸が灰燼《かいじん》に帰したとされる「布川大火」のあと、一キロくらい離れた村はずれへ移住させられたからである。

この部落の、起源を含めた歴史については、まるでわからないといって過言ではあるまい。そんな中で、わたしがたまたま気づいた範囲でのことだが、大火後の移住地の住民（一九一三年生まれ）が昭和六十年、七二歳のときに、ある同和関連の雑誌に載せた興味ぶかい伝承がある。

布川内宿の白山神社

その男性によると、部落の先祖は三人の兄弟で、もともとは現茨城県常総市水海道《みつかいどう》の鬼怒川べりに住んでいた。いつのころにか、そのうちの二人が布川城へ、一人が千葉県の「梅里《（ママ）》城」へ移されたという。梅里の名の城は記録には見えないようだが、いまの東武鉄道野田線の梅郷《うめさと》駅近くにあった山崎城を指しているのではないか。その城は、現野田市山崎の海福寺の境内か、その周辺にあったとされている。

右の三ヵ所の地内には、現在も部落が存在する。部落から住民が他所へ移って、そこに新たな部落が形成された例は少なくない。とくに、戦乱が打ちつづいた室町時代後期から戦国時代にかけて、各地の政治権力者たちは武具や馬具を調達する必要から、競って皮革職人を自らの城下へ招聘した。男性の語る伝承に、布川城とか梅里城とか、あえて「城」が付いているのは、その故だと思われる。布川大火の前の部落も、布川城の東側直下に位置していた。

周知のように、関東地方と、これに接する地域の被差別部落では、しばしば白山神社を氏神として祀っている。その理由は必ずしも明らかではないが、わたしは、その背景に江戸浅草の新町《しんちょう》に広大な屋敷を構えていた穢多頭・弾左衛門側からの慫慂《しょうよう》と、その支配下にいた各地の小頭たちの迎合があったと考えている。弾左衛門は、東日本の広い範囲の被差別民に対して支配権を有し、どんないきさつがあってのことか不明ながら、白山神社を家の氏神としていた。

先の男性は、旧居住地で白山神社を祀っていたことについて、

「われわれの先祖の氏神は、もとは内宿《うちじゆく》の八幡宮であった。白山は徳川から強制されたものである」

と述べている。

内宿は徳満寺や白山神社が位置する布川の小字名である。内宿の八幡宮は、徳満寺の北東二〇〇メートルばかりに現存する。男性の話どおりだとすると、旧布川城下の被差別民たちは古くは八幡宮を自らの神としていた。しかし、江戸期のいつのころかに徳川幕府から強制されて、白山に宗旨替えをしたことになる。

そうだとしても、それは幕府自体の命令といったものではなく、実際は幕府の権力を後ろ盾にした弾左衛門役所の指示だったろう。弾左衛門は時代が下るにしたがい、配下のさまざまな被差別民が自分の支配から脱する動きを強めていたことに危機感を覚えており、それを防ぐ一つの方

法として、氏神を同じくしておきたかったのではないか。それを受け入れた各地域の小頭には、彼らのあいだで起きた紛争の裁判権をもつ弾左衛門役所の歓心を買えるという利点があった。

そう考えたとき初めて、東日本の部落が非常に高い比率で白山社を信仰しているという不可解な事実が説明できるような気がする。

なお、部落の白山社の中には、弾左衛門体制が成立する江戸期より前すでに、その地に存在していた例があると指摘する人もいる。しかし、神社というのは社名や祭神を変更することがときどきある。穢多村とされていた場所に中世以前の神社があり、それが今日、白山を称していたとしても、もとからそうだったとはかぎらない。途中で名を変えたかもしれないからである。

5　布川神社とつく舞

柳田國男記念公苑から直線距離だと一五〇メートルほど南南西に、布川の総鎮守の布川神社がある。

『利根川図志』のころには、例祭は旧暦の六月十四日から三日間で、すこぶる賑わったらしい。賑わいぶりは今日もなかなかのようだが、三年に一度になって、祭日も七月末の金、土、日曜に変わっている。

図志には、十四日の宵祭りと十六日の「帰《き》輿幷《よならびに》ツクマヒ図」の二枚の写実画が載せられている。一つの主題に絵二枚はほかに例がなく、赤松宗旦が地元の鎮守の祭りに寄せた思い入れがうかがえる。ここには十六日の分を掲げ、そこに見える「ツクマヒ」なる神事芸能について詳しく紹介したい。宗旦は、つく舞（以下、本稿では、この表記を用いることにする）のことを次のように説明している。

「先庭上《まず》に船形を造る。これを御船《おふね》といふ。これに帆柱を立つるをツク柱といふ（長八間許《ばかり》）。舞人雨蛤《あまがえる》の面といふを被り、立附《たちつけ》をはき竹弓を持ち柱に上り、その上にて種々の状《かたち》を為す。観る人戦慄す。この時船中にて、八九歳の男子数人をして地舞を舞はしむ（以下、地舞の様子は略）」

とあるが、おそらくおおかたの人が、これを読むだけではぴんと来ないのではないか。それで三一ページに絵の左側部分の右上を拡大しておきたい。

そこでは、一人の男が高く、細い柱のてっぺんで逆立ちをしているように見える。文章によれば、長さは八間《けん》ほどである。一間は六尺すなわち一・八メートル余りだから、一四・五メートルくらいになる。男は左手に何か持っているようだ。それは竹弓かもしれないが、図からは扇のような印象を受ける。とにかく、いまの電信柱よりはるかに高い柱の先で、そんな恰好をしているのだから、見物人は「戦慄」したのである。

布川神社では、もう久しい以前から、つく舞は行われていない。こんな無謀なことを引き受けてくれる人間は、めったにいないからではないか。

ところが、今日、茨城県と千葉県の少なくとも四ヵ所で、なおつく舞がつづいているのである。そのうち、図志の絵にもっとも近いのは茨城県龍ヶ崎市のつく舞のようである。

それは同市上町・八坂神社の祇園祭三日目（最終日、原則として七月最後の日曜日になる）の夕方、同市根町の撞舞《つくまい》通りで行われる。そこは布川神社から北東へ七キロばかりしか離れていない。

現在、龍ヶ崎では船形は作らず、地舞も舞われない。しかし、あとは図志の絵にそっくりである。まず、つく柱の高さは一四メートル、図志が記す八間とほとんど変わらない。その柱は三方に延びる三本の長いロープで倒れないように引っぱられている。図志の絵では、実際もそうであったかどうか不明ながら、ロープは二本しか描かれていない。むろん、柱の根もとは何らかの方法で固定されていたろう。

龍ヶ崎の場合、舞人（舞男《まいおとこ》と呼ばれる）は、いま（令和元年）二人である。ともに、頭の上に蛙の面を載せ、顔の前には赤い布を垂らしている。

柱の頂上には長さ一・五メートルほどの横板が渡され、その真ん中には俵を重ねた分厚く、丸い座布団のような円座がしばり付けられている。これが、いわば舞台になる。

舞男は張られたロープを伝って柱の上に登っていく。そうして、円座の上に立って、竹弓を遠くに向かって射たあと、円座の上で逆立ちをするのである。一〇分くらいのあいだに、それを何度か繰り返す。

命綱は付けておらず、下に安全ネットも張っていない。しくじって落下すれば、まず死はまぬかれまい。

これは素人には絶対に真似のできない、おそるべき芸である。普通の人間なら、五メートルの柱の上に立つだけで足がすくんでしまうだろう。いや、そんなことは、どうしてもできない者がほとんどではないか。

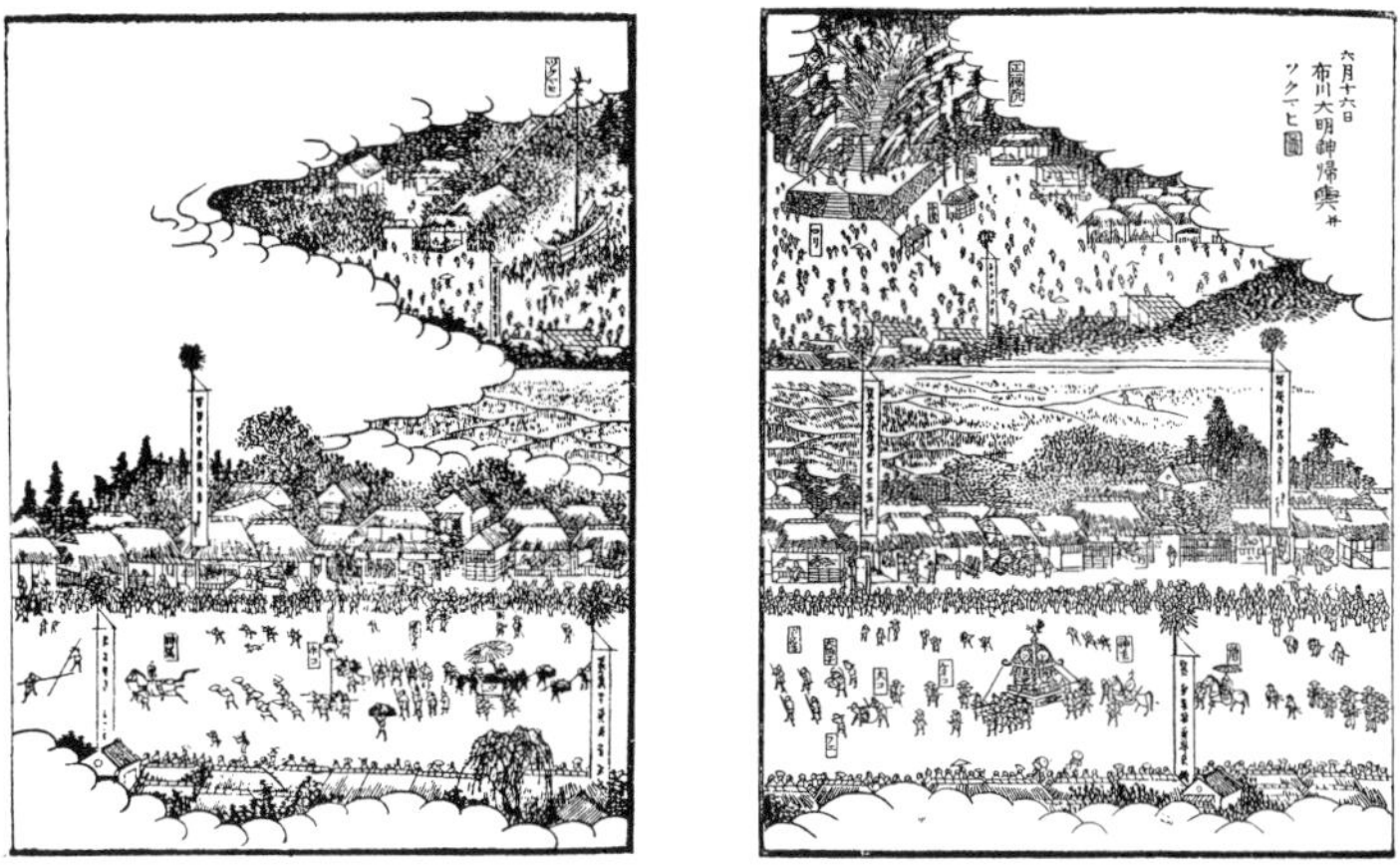

布川神社の例祭三日目

茨城県龍ヶ崎市の「つく舞」

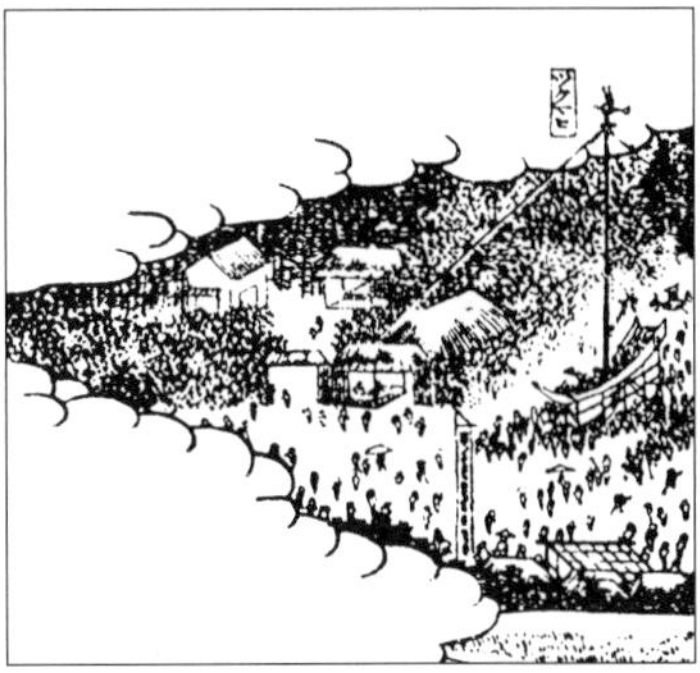

布川神社「ツクマヒ」部分の拡大図

今日、各地に残る伝統芸能は少なくない。だが、おおかたは保存会の人びとが何週間か稽古する程度の芸で、見ていて恐れ入るといったレベルに達しているものは、めったにない。しかし、ここのつく舞は違う。それはプロだけに可能な究極の技である。いったい、どんな人が演じているのだろうか。

ここのところずっと、舞男の役を引き受けているのは、谷本仁《ひとし》さん（一九六九年生まれ）と大石浩司《こうじ》さん（一九八三年生まれ）である。令和元年には谷本さんが満の五〇歳、大石さんが三六歳であった。二人とも本業は鳶《とび》職人である。と聞いて少しうなずけるとはいえ、鳶職人ならだれでもできるわけではあるまい。

つく舞は元来は雨乞いのため奉納されるものだったらしい。蛙の面は、それを裏づけている。日本では古くから、蛙は雨を呼ぶと信じられていたのである。

「ツク」という語について、柳田國男は柱のことだとしている。そうかもしれないが、なぜ柱のことをツクというのだろうか。卑見では、ツクはタカ（高）と語源をひとしくしていると思う。タケ（丈、竹）も、おそらくそうであろう。いずれも二音節で子音はタ行とカ行であり、ただ母音が交替しているだけである。つく舞は「柱舞」でも説明がつくが、「高舞」と解釈することもできるのではないか。

龍ヶ崎のつく舞と同種の芸能は、ほかに次のところでも行われている。

- 千葉県野田市　同市野田の須賀神社の祭礼（だいたい七月中旬）。柱の高さは龍ヶ崎と同じ一四メートル、芸態も似ているが、舞うのは一人である。

・同県香取郡多古町　同町多古の八坂神社祇園祭（七月下旬）。ここでは「しいかご舞」と呼び、舞人は「猿男」と称している。
・同県旭市　太田八坂神社の祭礼（七月下旬）で演じられ、名は「エンヤーホー」といっている。多古のしいかご舞と同じく、曲芸的要素はややうすいが、地舞を残す点に特徴がある。

6　赤松宗旦旧居跡

利根町布川は、もとは利根川の流れから、ほぼ直角の方向へ延びた台地に沿って開けた町であったらしい。旧布川城、城主豊島氏と関係の深かった来見寺、総鎮守の布川神社など由緒の古い施設は、みなこの地域に集まっていたからである。

これに対し、利根川に平行して細長く延びた後発の町場があり、横町《よこまち》と通称されている。現在では、こちらの方が町の中心といった感を呈しており、郵便局や銀行、各種の商店のほとんどが横町と、その周辺にある。

横町の北西の端、入り口近くの堤防下に赤松宗旦の旧居が、もとのまま復元されている。利根川の土手が、いまよりずっと低かった宗旦の存命当時には、すぐ目の前が汀《みぎわ》であったろう。

中に入って驚くのは、この家の小ささである。玄関の戸を開けた先は、広さ一畳ばかりのたたき（三和土）で、それに五畳の部屋がつづいている。その奥は、ささやかな床の間付きの六畳間になる。部屋は、この二つしかない。あとは裏手の小さな炊事場と便所だけである。

宗旦は医師であった。が、この家ではふだん、診察はしていなかったのではないか。どう考えても、それだけのゆとりがあったようには見えない。彼は産科を主にしていたようだ。とすれば、もっぱら妊婦のもとへ出かけていたのかもしれない。とはいえ、家へやってくる患者が皆無だったわけでもあるまい。そういうときは、一部屋を診察室とするほかないはずである。となると、治療中、家族は奥の六畳間で息をひそめて終わるのを待つしかなかったに違いない。この狭さからは、むしろ医は仁術という宗旦の心意気をくみ取るべきだろうか。

赤松宗旦旧居跡

赤松家の当主は、三代つづけて「宗旦」の通称を名乗っている。『利根川図志』の執筆者は二代目で、本名を義知《よしとも》といった。既述のように、文化三年（一八〇六）に生まれ、文久二年（一八六二）に没した。

義知は、幼いとき江戸郊外の千住宿へ転居していたが、そこで父の初代宗旦（恵《めぐみ》）が亡くなったため、母ひさの実家があった下総国印旛郡吉高村（現千葉県印西市吉高）へ引き揚げた。義知が医術を学んだのは、この村の医師前田宗珉からである。初め同村で開業したが、三三歳で布川へ帰ってきている。

柳田國男は図志の著者とは、むろん面識はなかった。しかし、その婿養子の三代目は間近で何度も見たことがあっ

た。長兄の松岡鼎も布川で医院を開業しており、「同業の誼《よし》みで懇意であった」からである。柳田は、

「(三代目宗旦は) 柔和な赭ら顔の好々爺で専門は産科、兄の長女の本年五十歳になる者なども、此老人の世話になつて世に現はれた」

と、昭和十三年 (一九三八) に筆を執った『利根川図志』の解題に書き残している。兄の長女はあやといい、明治二十一年 (一八八八) の出生であった。

柳田によると、昭和十三年当時、三代目の孫の夫人が旧居に独りで住んでいたという。

「家は昔のまゝで大よそ変つた所が無い。たゞ門の目標であつた一本の松の樹が見えぬのみである」

とも述べている。

現在の旧居跡は、そのころのものではなく、町がもとの家を忠実に再現した建物で、門前には新たに松も植えられている。

7　布川事件

赤松宗旦旧居跡から南東へ一〇〇メートルたらず先に、「布川横町」というバス停がある。県道11号 (取手東線) は、ここで横町の通りをはずれ、北北東に向かっている。そのT字路からほぼ北へ二〇〇メートルばかりの民家で、昭和四十二年 (一九六七) の八月末、強盗殺人事件が発生した。

それは、のちに「布川事件」と呼ばれて、マスメディアが発生時よりずっと大きく取り扱うことになる。犯人として桜井昌司《しょうじ》さん（一九四七年生まれ）と杉山卓男《たかお》さん（一九四六年生まれ、故人）が逮捕・起訴され、裁判で有罪が確定したのに、むしろ時間がたつにしたがい、冤罪の疑いが強くなっていったからである。

一度は裁判で犯人だとされた二人は、事件から実に四四年後に再審の裁判で無罪を言い渡され、そのまま確定している。そのあいだに二人は二九年余りを獄中で過ごすことになったのだった。

わたしは、ここで冤罪事件の視点から布川事件を取上げようとしているのではない。それについては、すでに多くのことが語られ、多くの文章が発表されている。二人を最終的に無罪だとした再審裁判の判決は十分に合理的で、彼らが事件と無関係だったことは、もはや疑いがない。

わたしが、いま改めて布川事件に触れるのは、その訴訟記録を通じて、昭和四十年代前半に利根川下流べりで生活していた庶民の暮らしの一端を、うかがえるかもしれないと考えたからである。

事件の被害者は玉村象天《しょうてん》さんといい、六二歳であった。どんないきさつで付けられたのか、ちょっと変わった名前である。玉村さんは大工だった。県道に面した平屋に独りで住んでいた。

八月三十日の朝、近所の住民が大工仕事を頼むつもりで、その家を訪ねてきた。ところが、出かけるときには必ず乗っていくはずの自転車が玄関先に停めてあるのに、いくら呼んでも返事がない。訪問者は、よほどの異変を覚えたのか、表戸を開けて板敷きの台所、その先の四畳間を突っ切って奥の八畳間まで入っていき、そこで死んでいる玉村さんを見つけたのだった。

解剖の結果、死因は窒息死、死亡推定時刻は二十八日の午後七時ごろから同一一時ごろのあいだとされた。口に布が押し込まれ、両足を縛られて、首に絞められた跡が残っていたことから、他殺は明らかだった。室内も、ひどく荒らされていた。

玉村さんは、大工仕事のかたわら近所の人びとに小金を貸していたらしい。「高利で」と書いた新聞もある。そのうえ、室内ははげしく物色されていた。その後、事件が一貫して強盗殺人とされたのも無理はなかった。しかし、本当に金が奪われたのか、奪われたとすれば、いくらくらいなのか、被害者が独り暮らしだったため、いまもわかっていないのである。

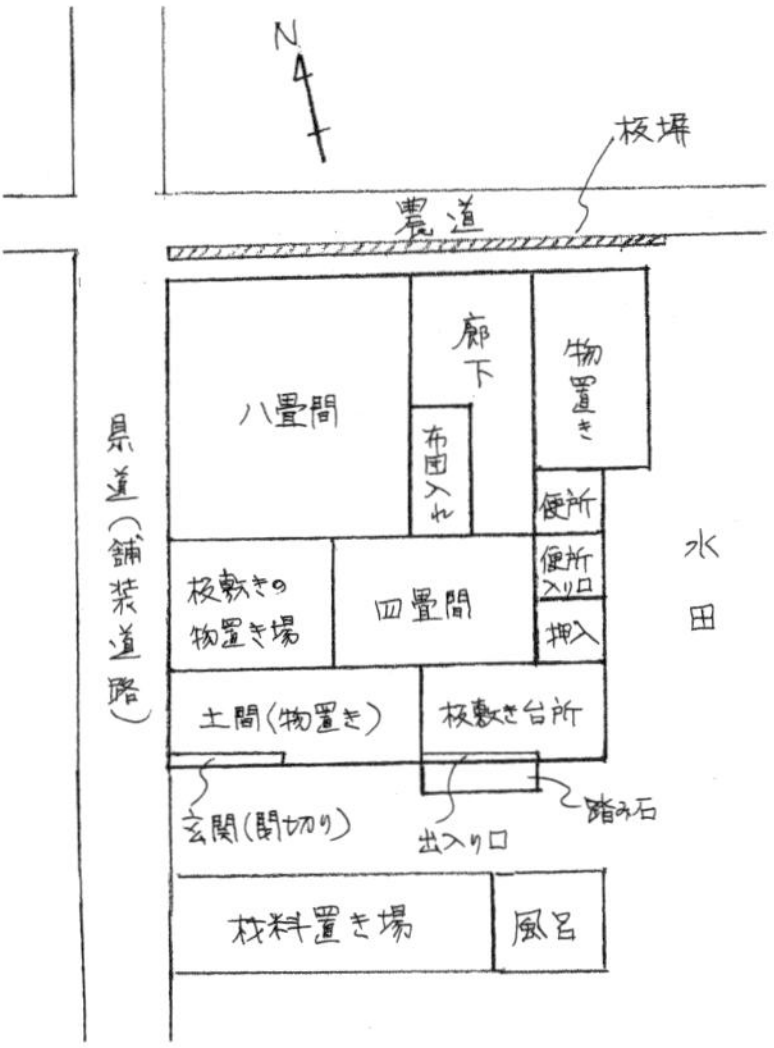

布川事件の被害者、玉村象天さん方の部屋の見取り図

現場となった玉村さん宅は、すでに残っていない。当時の写真を見ると、普通の民家にしては外観がかなり変わっている。わたしは初め何だろうと思ったが、もとは歯科医院だったという。赤松宗旦旧宅に似て、その家には部屋は四畳と八畳の二つしかなかった。ただし、台所と便所のほかに、「廊下」と「物置き場」（戸外にも「物置き」が付いていたが、これは玉村さんが建て増したものである）があった。

診療室がどこだったのか、はっきりしない。だが、おそらく八畳間が、それに当て

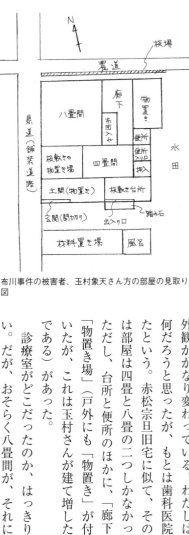

られていたのではないか。そうだとすれば、物置き場は受付け兼待合室だったかもしれない。これに間違いがないとすると、歯科医と、その家族（いたかどうか確認できないが）は四畳間と、のち「廊下」になる四畳ほどの部屋で寝起きしていたことになる。

いずれであれ、ささやかな医院であった。わたしにもかすかな記憶があるが、いまから半世紀ほど前までの歯医者には、このような規模は珍しくなかったような気がする。

玉村家には白黒テレビ、冷蔵庫、小型金庫、ミシン、扇風機などがあった。ただ、冷蔵庫は真夏なのに電源が切ってあり、中には小魚の佃煮しか入っていなかった。クーラーは、むろんない。便所は汲み取りである。戸外には風呂があったが、薪《まき》を燃やして沸かすタイプだった。自分で薪をくべて沸かし、それから湯につかっていたことになる。冬など温度調節に、だいぶん難儀したのではないか。

事件が起きたとされている時刻ごろ、同じ県道に面した近くの家で通夜が行われていた。前日、一七歳の少年が利根川でおぼれ死んだのである。顔を出した人たちのものであろう、五、六台の自転車が前に停まっていたという。

わたしは、これまで利根川で泳いでいる人を見たことがない。少なくとも近年では、この川の下流部はあまりきれいとはいえず、どこが深くなっているのかわかりにくい。遊泳には多少の危険がともなうのかもしれない。それにプールが普及した今日、川で泳ごうとする人は、めったにいなくなったのであろう。学校、自治体では遊泳を禁止しているのではないか。

しかし、昭和四十年代には利根川で泳ぐ人が、まだいたのだと思われる。当時は川での水泳は全国的になかなか盛んであった。わたしは、布川事件が起きた年から数年後に、あるマスメディアに就職したが、夏の土、日、祝日ともなると、各都道府県の水死者を本社で集計するのが日課になっていた。たいていは川か海でおぼれたケースで、その数は多いと一日に何十人にも達していたように思う。

通夜に人びとが自転車でやってくるというのも、いまではかなり珍しいことであろう。

そのころ、布川と利根川対岸の現千葉県我孫子《あびこ》市布佐《ふさ》とをつなぐ栄橋は鉄製の吊り橋であった。この橋は昭和五年(一九三〇)に架設されたが、設計者は小川東吾といった。東吾は、柳田國男の長兄松岡鼎が跡を継ぐ形になった布川の医院の前院長、小川東作の実弟である。

また、架橋の直前まで鼎は布佐町長であり、工事の推進に大きな役割を果たしている。鼎は新橋の命名を弟の井上通泰《みちやす》に依頼、通泰は県境の橋の意で「境橋」としたが、この地方の方言でイとエが混同され、「栄橋」になったといわれている。

ただし、両岸の繁栄を願って、初めから栄橋と名づけたとの指摘もある。

二　利根町押付新田の「鶴殺し山」

布川の徳満寺から一キロ余り北西の利根川左岸(北東岸)に、押付新田という集落がある。布川城主だった豊島氏が滅んだあと、その家臣の一部が江戸時代に入植・開墾したと伝えられている。

「押付《おしつけ》」とは、「川の土砂が押しつけてきたところ」の意で、関東地方の平野部などには折り見られる地名である。実際、ここは利根川と小貝川の合流点のすぐ下流に位置しており、いかにも土砂が堆積したかのような細長い微高地が川と直角の方向へ延びている。人家はすべて、その線上に集まっていて、まわりは水田である。

そのようなわずかな土地の高まりを、この一帯では曾根と呼ぶことが多い。押付新田の曾根は長さが一・二キロほど、その東端近くに、一名を「泪塚《なみだづか》」と称する高さ一・九メートルばかりの、かなり大きな石の千日供養塔が建っている。

この石塔は、江戸時代前期に起きた悲惨で、不可解な事件を記念したものである。

延宝五年（一六七七）の秋、押付新田村の鈴木佐左衛門という農民が妻いとの病気養生に鶴を捕らえて食べさせた。それが発覚して、佐左衛門一族の、いずれも鈴木姓を名乗る三家族一〇人が斬首されたという。その中には五歳の幼児も含まれていた。

この苛酷すぎる刑罰を憐れんで、五年後の天和二年（一六八二）に村人らが建てたのが泪塚である。以来、ここは「鶴殺し山」と通称されている。

鶴は江戸期以前には、食糧とすることが珍しくなかった。「鶴は千年、亀は万年」の言葉があるように、鶴を食べれば長生きするという俗信もあったかもしれない。病気養生に食べさせたとされているのも、それと関係しているのではないか。

少なくとも押付新田の近隣で、鶴の捕獲が禁止されていたことは間違いあるまい。そうでなければ、首をはねられるほどの罰を受けることはなかったろう。

しかし、幼児を含めた三家族一〇人の斬首というのは、何としても解しがたい。見せしめにしても重すぎる。そのためであろう、理由は別にあったとの伝説も生まれている。

一〇人の中に「お雪」という美しい娘がおり、この地方の「鶴番人」山崎群平が好意を寄せていた。群平は結婚を申し込んだが断られ、それを逆恨みして鶴の捕獲を実際以上に大げさに訴え出たというのである。捕獲そのものが事実ではなかったとする話もある。

仮に、そのとおりだったとしても、やはり不審は解けない。鶴番がどのようにして選ばれ、どんな権限をもっていたか不明ながら、ごく末端の役職にすぎなかったろう。その程度の者の画策で、一〇人もの人間が処刑されることなど、いかに江戸時代とはいえ、あり得なかったのではないか。

利根町押付新田「涙塚」

それでは、ちょうどこのころの「生類《しょうるい》憐れみの令」の影響はどうだろうか。これは、徳川五代将軍の綱吉が犬、猫、鳥、魚から昆虫までさまざまな動物の過剰ともいえる保護を定めた法令の総称である。そのあまりの異常ぶりから、綱吉は「犬公方《いぬくぼう》」とからかわれ、また恨まれていた。綱吉の目には、あるいは鶴殺しなどとんでもないと映っていたかもしれない。だが、綱吉の将軍即位は延宝八年（一六八〇）なので、鶴の捕獲や処刑より後になる。それに、いかに綱吉の治世下であっても、一〇人もの人間に死罪を課すことは考えにくいように思われる。

当時、これほど苛烈な刑罰に値する罪としては、キリスト教の信仰以外になかったといってよいのではないか。キリシタン弾圧でなら、一〇人どころか五〇人、六〇人を一度に死罪に処した例もある。旧陸奥国の仙台藩領大籠《おおかご》村（現岩手県一関市藤沢町大籠）では、寛永十五年（一六三八）から翌年にかけてキリシタン三〇〇人以上が処刑されている。

鈴木佐左衛門らがキリシタンであったとの記録は全く残っていない。それをにおわす史実も何ひとつ伝えられていないようである。ただ、隠れキリシタン（あるいは潜伏キリシタン）がいたのは九州にかぎらなかった。次は関東地方の例である。

埼玉県幸手市権現堂のマリア地蔵。錫杖の上部に十字架が刻まれている。

押付新田から四〇キロ余り北西、埼玉県幸手《さって》市権現堂の権現堂集落農業センターの前に石仏や石塔が数基、並んでおり、その一基は「マリア地蔵」と呼ばれ、市の有形民俗文化財に指定されている。

マリア地蔵は、乳児を抱いたお地蔵さん、すなわち子育て地蔵をかたどっているが、左手に持った錫杖《しやくじよう》の上部には十字架が浮き上がって見える。また、地蔵に向かって左側には「イメス」と刻まれている。これは「イエス」をカムフラージュしたものと考えられる。さらに、蛇や魚の模様もあって、いずれもキリスト教のメダイ（聖品）としたものらしい。つまり、お地蔵さんは、この地の隠れキリシタンがキリストを抱いた聖母マリアに見立てて拝んでいたことが確実である。

イメスの文字を含む陰刻文には、文政三年（一八二〇）に「子胎《こそだて》延命地蔵」として建立した旨が記されている。建てたのは、

「武蔵葛飾郡幸手領上吉羽村一ッ谷出生俗名鳥海久治良」

である。上吉羽村は現在の幸手市上吉羽で、権現堂の隣の地域になる。

久治良は当然、隠れキリシタンであったろう。それが露見すれば、おそらく一族ともども死罪、少なくとも遠島への流刑はまぬかれなかったに違いない。

幕藩権力は、鈴木佐左衛門らをキリシタンだとみていたのではないか。しかし、どうしても証拠をつかめない。それで、鶴殺しを理由に斬首したのではなかったか。これは、何の具体的根拠もない推測にすぎないとはいえ、そうとでも考えないかぎり、幼児を含め一〇人もの命を奪った刑罰の苛酷さが説明できないような気がする。

三　取手市小文間《おもんま》

1　中妻貝塚の土壙墓《どこうぼ》

茨城県利根町押付新田の泪塚から北西へ二・五キロほどの小貝川に、戸田井橋がかかっている。ここを西へ渡れば、同県取手市小文間になる。

小文間は、取手市中心部の例えば常磐線取手駅前から、車だと五分かそこらの至近に位置している。そうでありながら、この地域には、すでに東京郊外の通勤圏の一つになってしまった駅周辺にはない、古い村落に独特のたたずまいが残っている。その辺を指してのことであろう、「取手の奥座敷」などと言う人もいるらしい。

小文間は、ほぼ北西から南東に向かって流れる利根川に沿った高台の上に開けた村である。台地の幅は一キロ、長さは三キロくらいで、周囲の平地との比高差は二〇メートル近い。つまり、布川台地より広くて、数メートル以上も高い。

真ん中あたりに、真言宗豊山《ぶざん》派の福永寺という寺がある。いま取上げようとしているのは、このことではない。同寺の境内と、その周辺およそ二五〇〇平方メートルを占める、利根川流域で最大級の貝塚「中妻貝塚」のことである。そこには厚さ一―二メートルに達するヤマトシジミを主とした貝殻が、びっしりと積もっていた。四〇〇〇年ばかり前、縄文時代後期から晩期にかけて形成されたものだという。一帯には、いまもところどころに、大量の貝殻が散乱した場所がある。

この遺跡からは、縄文時代の葬送が現在とは、いかに違っていたかを示す異様な墓穴が発見されている。それは、発掘地点に付けた記号名から「A土壙」と呼ばれている。

A土壙は、直径二メートル、深さ一・二メートルほどの、ほぼ円筒状の穴である。そこに、何と九六体の全身骨が、ぎっしりと詰まっていたのである。被葬者は老若男女を問わなかった。これが語っている葬法とはいったい、どのようなものだったのだろうか。

ここに埋葬されていたのは、肉などの軟部組織が付いたままの遺体ではなかった証拠がある。全身骨の位置は一見、正常のように見えるが、専門家の観察では不自然なものが少なからずあった。部分的に左右あるいは上下が逆になっていたりしたのである。これは、一度ばらばらになった骨を、もとの形にして並べたためだと考えられる。つまり、遺体が完全に骨化したあと、できるだけ本来の位置に合うようにしながら、順次、穴の中へ納めていったのである。ところが、その際、例えば第一肋骨の左右を間違えるといったことが起きたらしい。それが配置の不自然な理由であった。

右のような葬法は今日、一般に「再葬」とか「二度葬」などと称されている。

それは、まず絶息した人間の遺体を特別の場所に安置して、長い時間をかけ白骨化させることから始まる。そのあとで骨をきれいに洗い（洗骨）、別のところに改めて納めたり、埋めたりするのである。白骨化させる過程のことを殯《もがり》といった。葬送が殯《ひん》と葬《そう》との二段階に分かれていたの

中妻貝塚の土壙墓

▲　19世紀末ごろまで現名護市久志（くし）にあった喪屋
（この図は、沖縄生まれの民俗学者、島袋源七氏が描いた）

で、研究者たちが再葬とか二度葬と名づけたのである。縄文時代や弥生時代に、殯のことを何と言っていたのか、わからない。具体的にどう執り行われたのかもはっきりしないが、飛鳥時代や奈良時代のことになると、『日本書紀』（七二〇年成立）などに、それなりに詳しい記述が残っている。とくに、第四〇代天武天皇（六八六年没）の殯については、書紀に精密かつ具体的に語られており、その期間は二年二ヵ月の長きに及んでいた。ただし、これは長い方で、歴代天皇の平均は一年半くらい、短い場合は数ヵ月であった。

当時は庶民も、ずっと短期間ながら、殯を行っていた。その費用が民の貧困につながっているとして、大化二年（六四六）三月二十二日には庶民の殯を禁止する命令が発せられたほどである。

日本の本土では、中世になると殯の習俗はおおむね消えていたようである。しかし、沖縄では一九世紀まででつづいていた。

沖縄民俗学の泰斗、伊波普猷《いはふゆう》の「南島古代の葬制」

（一九二七年発表）などによれば、「後生山《ごしょう》」と呼ばれる場所に「喪屋《もや》」を作って、そこに遺体を入れた棺を置いておく。そうして、完全に白骨化してから、きれいに洗ったあと墓に納めたり、葬所とされている洞窟の中に並べていたという。

四〇〇〇年ばかり前、中妻貝塚を形成した縄文人も再葬（二度葬）の習俗をもっていたことは、A土壙から明らかである。

彼らは、村の成員が死ねば、どこかほかの場所に遺体を安置して白骨化を待っていたに違いない。そうして、何年かのちに死者の骨を丁寧に洗って、A土壙の中に並べていたと思われる。だからこそ、小さな穴に九六人分もの人骨を入れられたのである。

同貝塚では、ここ以外から人骨は発見されていない。それから考えて、A土壙は村の共同墓地だったのであろう。そのころ台地の周辺は一望の沼沢地であり、人びとは淡水漁業を主たる生業にしていたはずである。

2 「小文間城」は二つあった

福永寺から南へ六〇〇メートルばかりに、同じ真言宗豊山派の東谷寺《とうこく》がある。裏手は、やや急な傾斜地で、二〇〇メートルほど先は利根川の汀《みぎわ》になる。

その途中の台地の先端に、空堀と土塁の跡が二〇メートル余りにわたってつづいている。一帯の地名を城《じょう》ノ台《だい》という。ここに城があったのである。この城は、いま一般に「小文間城」と呼ばれており、城主は戦国期の武将、一色氏だったとされている。

ところが、『利根川図志』によると、「小文間の戸台《とだい》に近き処」に「一色氏城址」があった。「戸台」は現在、「戸田井」と書く場所のことであり、右の「小文間城」からは一キロ以上も離れている。小文間から歩いて一時間たらずの布川に住んでいた赤松宗旦が、東谷寺のあたりを戸台と誤認するとは思えない。図志に見える一色氏城址は、どこにあったのだろうか。

宗旦は、その城跡について「詰ノ丸と覚しき処に天神社あり。下の谷を城ノ内《じょううち》といふ」と付け加えている。小文間の中央を、ほぼ東西に貫く県道11号には七つのバス停がある。その東から二つ目を「天神前」といい、戸田井分に入る。

わたしは、まず天神社をさがしにかかったが、発見にはだいぶん難儀した。知っている人が、なかなかいないのである。無理もなかった。やっと会えた地元に詳しい住民によると、

「もう何十年も前から、ほんの石の祠があるだけで、それも崩れて、ただの石ころのようになっていた」

からである。

その跡は、バス停の一〇〇メートルたらず東南東、県道沿いの北側になるが、すでに竹が密生していて、石ころも見当たらないのだった。

天神前バス停の北一〇〇メートルくらいには、「城ノ内共同墓地」がある。この付近の地名が城ノ内であろう。図志では「下の谷」を城ノ内だとしているが、ここは高台の中でも、ほかより一段と高い。ただ、すぐ横が、このあたりとしては深い谷になっている。だから、必ずしもつじつまが合わないともいえない。

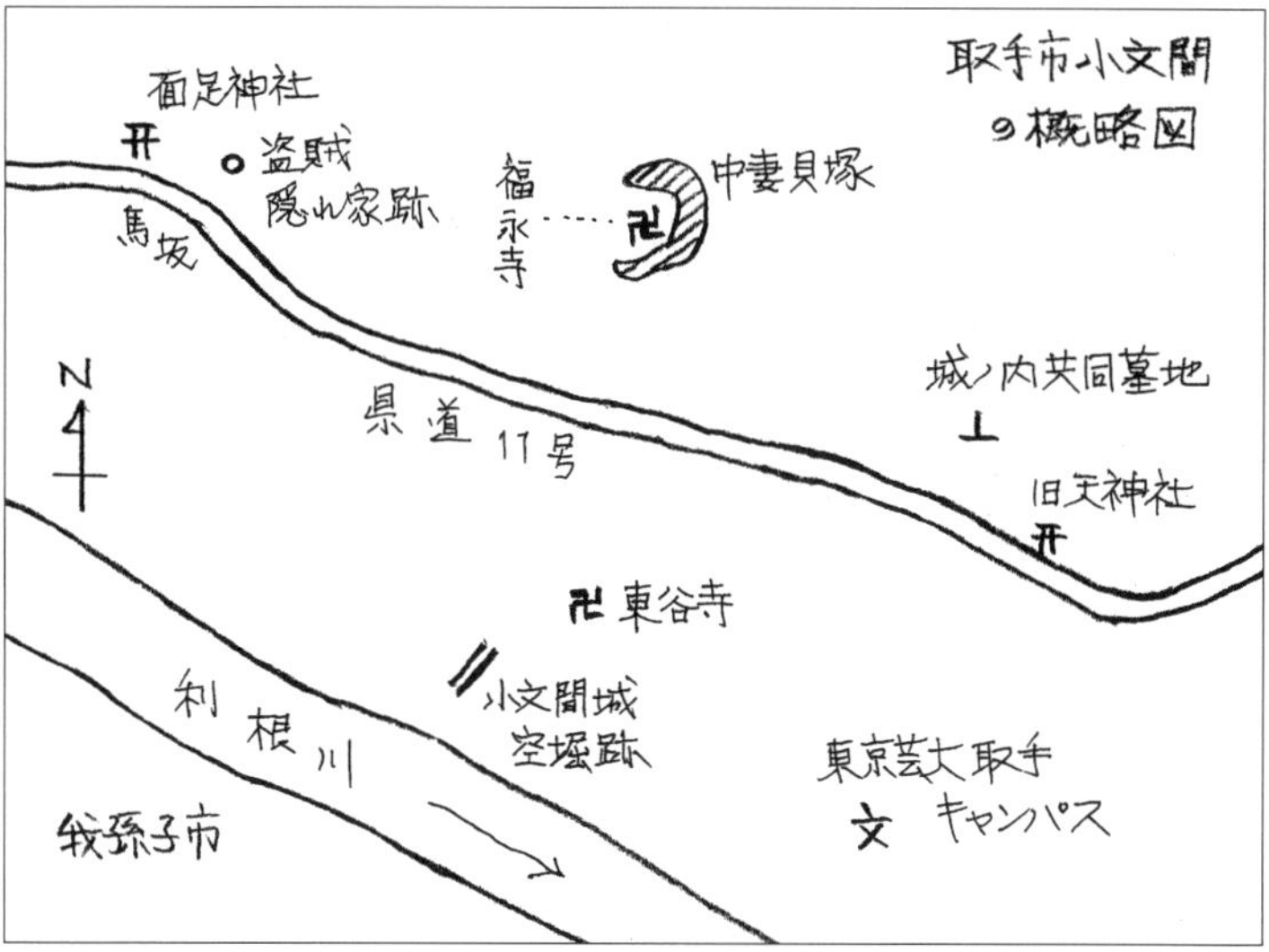

取手市小文間の概略図

今日、小文間台地のこの一角には、明らかに空堀や土塁と思われる遺構は確認できないようである。ほかにも、城の跡をうかがわせるものは何も残っていないらしい。しかし、城ノ内の地名と、図志の記述から考えて、ここに「一色氏城址」があったことは疑いあるまい。それを何城と称していたかはともかく、実質的に「小文間城」と呼びうる城は二つあったことになる。

「一色氏城址」の本丸は、ここだったのではないかと思われるような最高所に、令和二年春現在、見るからに古格な豪邸が残っていた。わたしは初め、ここは旧城主につながる由緒の人の住まいではないかと想像したが、そうではなく、第二次大戦後、不動産業で産をなした地元出身者の屋敷跡だということであった。その人は、いっときすこぶる羽振りがよかったものの、その後、事業が行きづまり、どこかへ逐電してしまったらしい。もう何十年も住む人はおらず、家も敷地も荒れるにまかされている。

屋敷は、その人が景気のよかったころ建てたのだろうが、あるいはここが昔の城の本丸跡だという話を耳にしたことがあってのことかもしれない。そんなことなどなかったにしても、裏手はいかにも防備に適した急崖になっており、ここが旧城の「詰の丸」（本丸）だった可能性は十分にあるように、わたしには思えた。

3　第六天山《だいろくてんやま》の盗賊

東西三キロほどの小文間の西端、最も取手市街寄りの、県道の北側に面足《おもたる》神社がある。境内は道より数メートル高いうえ、一面が木立におおわれているので、このあたりを車で通るだけでは、おそらく神社があることに気づかないのではないか。

面足神社は、明治の初めまで第六天社といっていた。仏教で、欲界の最高所とされる第六天魔王を祭神としていたからである。ところが、明治初期の神仏分離に際して、その名が仏教臭いということで、わが国の神話で神代《かみよ》第六代に当たる面足命に祭神を変え、社名も面足神社としたのだった。といったことは、これからの話の本筋とはかかわりがない。この神社について、『利根川図志』にはおもしろいことが書かれている。

「第六天山　小文間村に在りて、松樹茂りたる山なり。天明年間神道《しんどう》徳次郎・紫紐《むらさきひも》泰助など言へる賊首、党を結びて此処《ここ》に住めり。今も第六天社の西一段低き処に、竈《かまど》の迹ありといふ」

宗旦は、このあとに、国学者で随筆家として知られた高田（小山田とも）与清《ともきよ》の『相馬日記』から次のくだりを引用している。

「相馬日記巻三云《いう》、坂詰村にて水戸路を横さまに経て用水に沿ひて下る。馬手《めて》の方の見やりなる山は、相馬郡小文間の第六天山といふ。こゝに昔は盗人のあまた籠り居て、往来の人を引剝ぎなどせしに、今は遍《あまね》き大御恵《おおんめぐみ》に因りて、然る煩も無しといへり」

同日記は、与清が文化十四年（一八一七）八月、江戸から「千葉の里」（現千葉市）まで旅行した際に付けられている。図志の出版は安政五年（一八五八）だから、それより四〇年余り前のことになる。

両者の記述には、ある食い違いが見られる。宗旦は賊首二人の名前を挙げて、それがいたのは天明年間（一七八一―一八九年）のことだとしているのに、与清は名前も時代も記していない。これは、なぜなのか。

図志に出てくる「神道徳次郎」は実在したようである。神道は「真刀」とも書き、天明期に関東一円を荒らしまわった盗賊だったが、長谷川平蔵が火付盗賊改方《あらためかた》の頭に就いていたときに捕らえられて、打ち首のうえ獄門の刑に処されたことが確かな記録に見えるという。平蔵は、池波正太郎の小説やテレビドラマなどで有名になった「鬼平」のモデルとされる人物である。

しかし、徳次郎は上野国《こうずけ》（群馬県）の生まれだといわれ、第六天山にこもっていたとの話は全く伝えられていない。

徳次郎は、その後、歌舞伎や講談（江戸時代には講釈といった）などで、大衆に広く知られるようになる。一方、紫紐については、明治期に「紫紐丹左衛門」なる盗賊が登場する講談本が出版されており、その前から似た名前の人物を扱った大衆芸能があったのではないか。とにかく、宗旦が図志を執筆したころ、神道徳次郎とか紫紐泰助の名は、何十年か前の盗賊の首領として、世人のよく知るところになっていたと思われる。

宗旦が、その名と、かつて第六天山を根城にしていたという賊首とを結びつけたのは、取手や布川あたりには、歌舞伎か講談をもとにした義賊伝説のようなものができていたためかもしれない。

いずれであれ、高田与清が小文間を歩いたときより前に、村人たちが「盗人」と呼ぶ集団が第六天山に住んでいたことは間違いあるまい。その裏づけとなる状況証拠も残っている。「盗賊の隠れ家跡」である。

面足神社（旧第六天社）の社殿

そこは図志が記す、第六天山の「西一段低き処」ではなく、社殿から逆方向の東へ二〇〇メートルばかりの丘のすそになる。ここのことは、饗場《あえば》芳隆『小文間物語』（二〇一〇年、崙《ろん》書房発売）に次のように述べられている。

「この跡は永い間人が寄り付かず、草に埋もれていたが、明治四四年（一九一一）熊田三平氏がこれを払い下げによって取得し、その凹地を地ならしして畑としたが、その時

第六天山を根城にしていた「盗賊」の隠れ家跡

井戸及びかまどの跡が認められ、更に附近から古銭が数多く発見されたと言う。その後も古銭を拾う者が何人もいた」（七五ページ）

そこはいま、何の変哲もない竹と雑木の藪陰になっており、すぐそばに民家もある。ここに、村の成員ではない何者かが住んでいたことは、はっきりしている。図志の「西一段低き処」も、おそらく宗旦の思い違いではなく、右と同種の場所だったのではないか。似たような者たちが、神社のまわりの何ヵ所にも散居していたとしても、少しも不思議でない。

だが、彼らが盗賊とか盗人だったことなどありえない。江戸時代になって、明白な反社会的集団が第六天山のような、ささやかな里山に隠れて悪事をはたらきつづけることは、どう考えても不可能だからである。そんな者がいれば、即座に一網打尽にされていたはずである。

それでは、どんな人びとが住んでいたのだろうか。無籍の非定住民だったことは、疑いないといってよいと思う。人別帳に載らず、定住家屋ももたない集団である。しいて江戸時代の身分別でいえば、野非人《のびにん》に当たる。村人は、彼らのことを「乞食」とか「盗っ人」と呼んでいたろう。「盗

っ人」は、だれも見ていないときは、そこら辺の物を黙ってもっていくという、半分は事実によ
る、また半分は偏見にもとづく、彼らに対する村人の見方が生んだ呼称であったに違いない。
令和二年五月、わたしが面足神社西側の相野川わきで会った地元の男性（一九四八年生まれ）は、次のような話をしてくれた。

「昭和四十年（一九六五）ごろまで、面足神社の境内に、いまでいうホームレスのような男性が住んでいました。近所の家々をまわっては、ちょっとした芸を見せて小銭をもらっていましたね。その人が最後でしたが、もっと前には数人が暮らしていましたよ。わたしは見たことがありませんが、さらに前には、ばくち打ちなどを含めて何十人もがいたと年寄から聞いたことがあります」

そのような一種の漂浪民が暮らす場所は、昭和三十年代の半ばごろまでは、日本全国いたるところに、いくらでもあった。わたしは、既刊の何冊かの著書で彼らのことを取上げている。本書では、そのうちの利根川べりにほど近い千葉県柏市藤ヶ谷にあった奇妙なテント集落のことを紹介しておきたい。

4　非定住民たちのテント集落

手賀沼は千葉県の北西部、柏市と我孫子市を画して東西に細長く延びた湖沼である。沼は手賀川となって東流し、同県印西市木下《きおろし》で利根川に合している。

手賀川から丘をひとつ南へ越したところに、手賀沼にくらべてずっと小さな下《しも》手賀沼があり、

これには「金山《かなやま》落とし」という農業用水路がつながっている。沼の上手口から用水沿いに四キロほどさかのぼった田んぼのわきに、かつて藤ヶ谷村の馬捨て場があった。同村は現在、柏市藤ヶ谷となっている。

馬捨て場は、比高差一〇メートルちょっとの里山のへりに位置していたが、いまは削り取られて跡は残っていない。

この台地の先端の馬捨て場を取り囲むようにして、昭和十年代の半ばごろまで、少ないときで一〇張り、多いときには二〇張り前後のテントが張られ、まわりの農民たちが「乞食」と呼んでいた人びとが暮らしていた。彼らは、ここのほかの土地とを回遊していたらしく、だからテントは短期間に増減を繰り返していたのである。

この集落の一時的な住民の中には、テントを負って歩いてくる者もいれば、家財道具をリヤカーに積んでやってくる者もいた。そうして、馬捨て場周辺の思い思いの場所に、ごわごわした布のテントを張って、そこで寝起きしながら、昼間はどこかへ出かけ、夜になると帰ってくるのだった。村人は、

「どこか遠くへ、おもらいに行くらしい」

と、うわさしていた。彼らが村内をまわることは、決してなかった。

テントばかりの集落の中に、一つだけ小屋があった。そこには矢田鶴吉（姓のみ仮名）の一家が住んでいた。鶴吉には妻シマとのあいだに少なくとも八人の子がおり、そのうちの長子は一九一四年ごろの、末子は一九三二年ごろの生まれだったようである。

鶴吉は、一団の親分といった立場にあった。ただし、近隣の住民たちの目には、妻シマの方がより強い権限をもっていると映っていた。彼らは、シマが配下の乞食の稼ぎをピンはねしていると、ささやき合っていた。シマのことを、

「乞食の大統領のようなもの」

と表現した人もいる。

夫婦には、ちゃんとした生業があった。箕《み》の製造、修繕、販売である。箕は、ちりとりの形をした農具で、関東地方ではフジの蔓《つる》の表皮と、シノダケを材料にして作ったものが多かった。近ごろではめったに見かけないが、かつてはどんな農家にもなくてはならない道具であった。

鶴吉一家のような職業集団を東日本ではふつう、ミナオシ（箕直し）といっていた。ミナオシには、さまざまな歴史的いきさつによって無籍者が少なくなかった。柳田國男は一九一二年に発表した論文「『イタカ』及び『サンカ』」の中で、

「此《この》徒の中には破壊窃盗を常業とする者甚《はなはだ》多く、箕直し村へ来れば民家にても警察にても非常に用心を加ふ。鋭利なる刃物を有し切破りの手口に特色あること西部のサンカとよく似たり」

と述べている。この見方は、ある程度は事実を背景にしているが、一方では偏見をもとにしたものでもある。なお、「西部のサンカ」とは、主に近畿地方と中国地方に分布していた無籍、非定住の川漁師のことである。

わたしが藤ヶ谷のテント集落のことを調べるため、この一帯を訪れていた平成十七年（二〇〇五）ごろ、まわりの年配の農民で「おシマおっかあ」の名と女傑ぶりをおぼえていない者は、ほ

とんどいなかった。しかし、テントの住民について名前や家族構成を含めて具体的なことを語れる人には、とうとう出会えなかった。彼らは年中、出入りを繰り返していたからである。彼らの主な仕事は、実はおもらいではなく、鶴吉夫婦が作った箕の行商であった可能性も十分にある。

矢田鶴吉は明治二十年代半ばか後半の出生だったらしい。同三十年（一八九七）生まれの弟がいて、その本籍地が藤ヶ谷であることから考えて、兄弟とも小屋が建っていた場所で育ったのではないかと思われる。その小屋は、なぜ馬捨て場にあったのだろうか。

江戸時代には、飼っていた牛馬が死ねば、その瞬間から所有権は近くの穢多《えた》身分の者に移ることになっていた。もとの持ち主が勝手に処分することはできなかったのである。穢多がもつ斃《へい》牛馬処理権は排他的な特権でもあり、相続も売買も質入れも可能であった。もちろん、穢多以外の身分の者が、その相手になることは許されていなかった。

馬捨て場や牛墓に権利をもつ者は、毎朝、死んだ牛馬が捨てられていないか見まわりをしていた。その見まわり役を、とくに東日本では非人に請負わせることが珍しくなかった。委託を受けた非人は、しばしば馬捨て場や牛墓のわきに住んでいた。

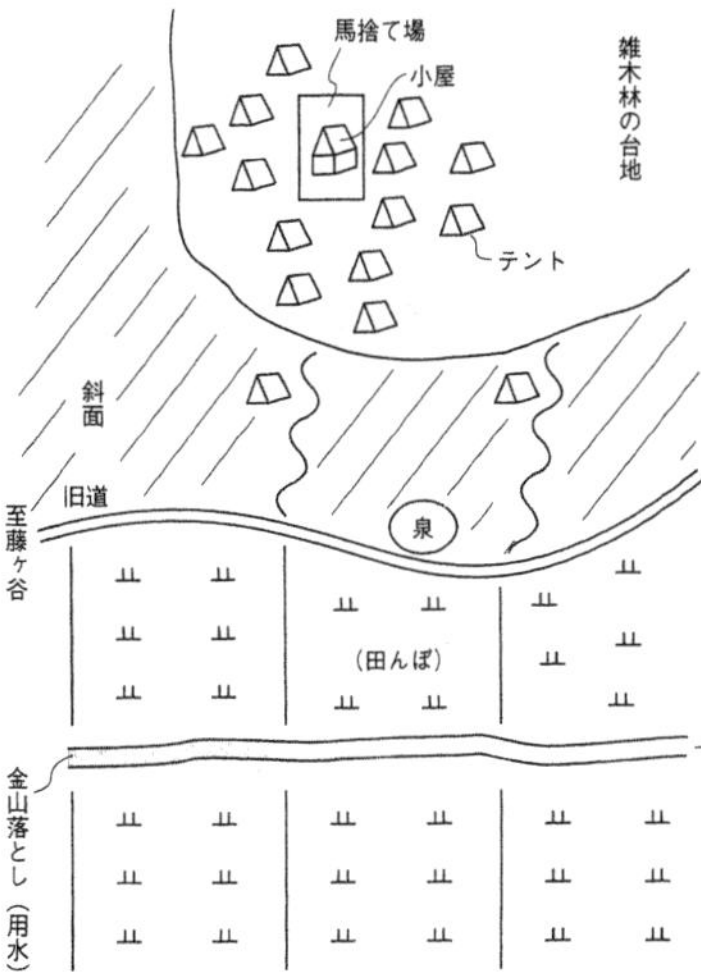

柏市藤ヶ谷にあったテント集落周辺の図

鶴吉の親は、そのような仕事を任されていた非人であったかもしれない。馬捨て場は村の共有地だったのに、鶴吉夫婦は当然のようにそこを占有していたからである。それは、かつての行きがかりによる既得権だと村人も認めていたのではないか。ミナオシが非人と同じ仕事をすることは、ごくふつうのことであった。二つは集団としては、部分的に重なり合っていたのである。

話が取手郊外の第六天山にもどるが、神社の下の現県道は利根川下流沿いにしては、やや急な坂になっている。その坂を「馬坂《まざか》」といい、上りきったあたりに旧小文間村の馬捨て場があった。馬坂にも江戸時代には、たぶん非人がいたろう。

非人は、どこによらず、村人の依頼を受けて「悪ねだりする乞食」を追い払ったり、行き倒れ人の遺体を片づけたりする任務を負っていることが少なくなかった。むろん、ただではない。米や麦などの形で、村から対価を得ていたのである。持ちつ持たれつの関係にあって、村人は相手が最下級の被差別民だからといって、そう邪険に扱うことはできなかったのである。

非人のそのような役務は、村を徘徊する乞食たちの敵意を買えば、たちまち遂行が困難になる。集団で襲われるかもしれないし、村人の家や自分の小屋に火を放たれるかもしれないからである。取締りつつ、相手の利もはかる必要があったといえる。非人と乞食もまた、持ちつ持たれつのあいだがらにあったのである。

要するに、ミナオシやサンカのような無籍、非定住の職業集団と、身分上の非人、村々を巡り歩く乞食などは付かず離れずの隣接集団であり、しばしば村はずれの同じ場所で暮らしていた。定住民たちは、彼らのことをひとからげにして「乞食」とか「盗人」と呼んだのである。藤ヶ谷の馬捨て場の周辺も、小文間の第六天山も、そのような者たちの居住地の一つであったろう。ミナオシやサンカのような集団が、どのようないきさつで形成されることになったかは、わずかな文言ではとても説明しきれない。

もし、この方面に興味をおもちの方がいれば、拙著『サンカの起源』(二〇一二年、河出書房新社)に目を通していただくと幸いである。

四　取手市の小堀は、なぜ「おおほり」と読むのか

茨城県と千葉県が利根川によって画されていることは、改めて記すまでもない。すなわち、左岸(北岸)が茨城県、右岸が千葉県である。

ところが、四ヵ所では、それが逆になっている。上流から順に挙げると、

- 鬼怒川との合流点の上流　左岸が千葉県野田市木野崎
- 大利根橋の下流　右岸が茨城県取手市取手、同市小堀《おおほり》
- 水郷大橋の上流　左岸が千葉県香取市石納《こくのう》、同市野間谷原《のまやわら》
- 水郷大橋の下流　左岸が千葉県香取市佐原など

である。ここでは、右のうちの取手市取手と同市小堀とを取上げることにしたい。

ほんの一世紀余り前まで、利根川は現ＪＲ常磐線にかかる鉄橋のすぐ下流で、南側へ大きく蛇行していた。これが、いまのように直線の流路に付替えられたのは大正四年（一九一五）のことである。その結果、左岸にあった現取手市取手と小堀が右岸へ移ってしまったのである。旧河川の半分ほどは、そのままの形で残っており、古利根沼と呼んでいる。巨大な釣り堀のようになっているらしく、年中、釣り人の姿が絶えることがない。

現今の住居表示では、この半円形の東半分（下流側）が小堀、西半分が取手となっているが、以下では便宜上、合わせて小堀と書くことにする。

小堀は幕末のころには、とくに渇水期の艀《はしけ》が集まる河岸として栄えていた。水量の減少で、普通の川舟が通行できなくなったとき、もっと小さな艀に荷を積み替えて運んでいたが、その基地に使われていたのである。

ただし、それは広い小堀の川に面した一角だけであり、おおかたの場所は丈の高いアシやススキが生い茂る低湿地であった。前にも名前を挙げた随筆家、高田与清《ともきよ》が文化十四年（一八一七）九月、ここを訪れたとき同行の者が離れると姿が見えなくなるほどだった旨を『相馬日記』に書き残している。

小堀は奇妙なことながら、今日はっきりと「おおほり」と称されている。土地の人びとは、みなそう言い、観光用に運行している渡し舟の発着場所の案内板などにも、そう仮名が振られている。この文字を、なぜオオホリと読ませるのだろうか。

赤松宗旦は次のように考えていた。

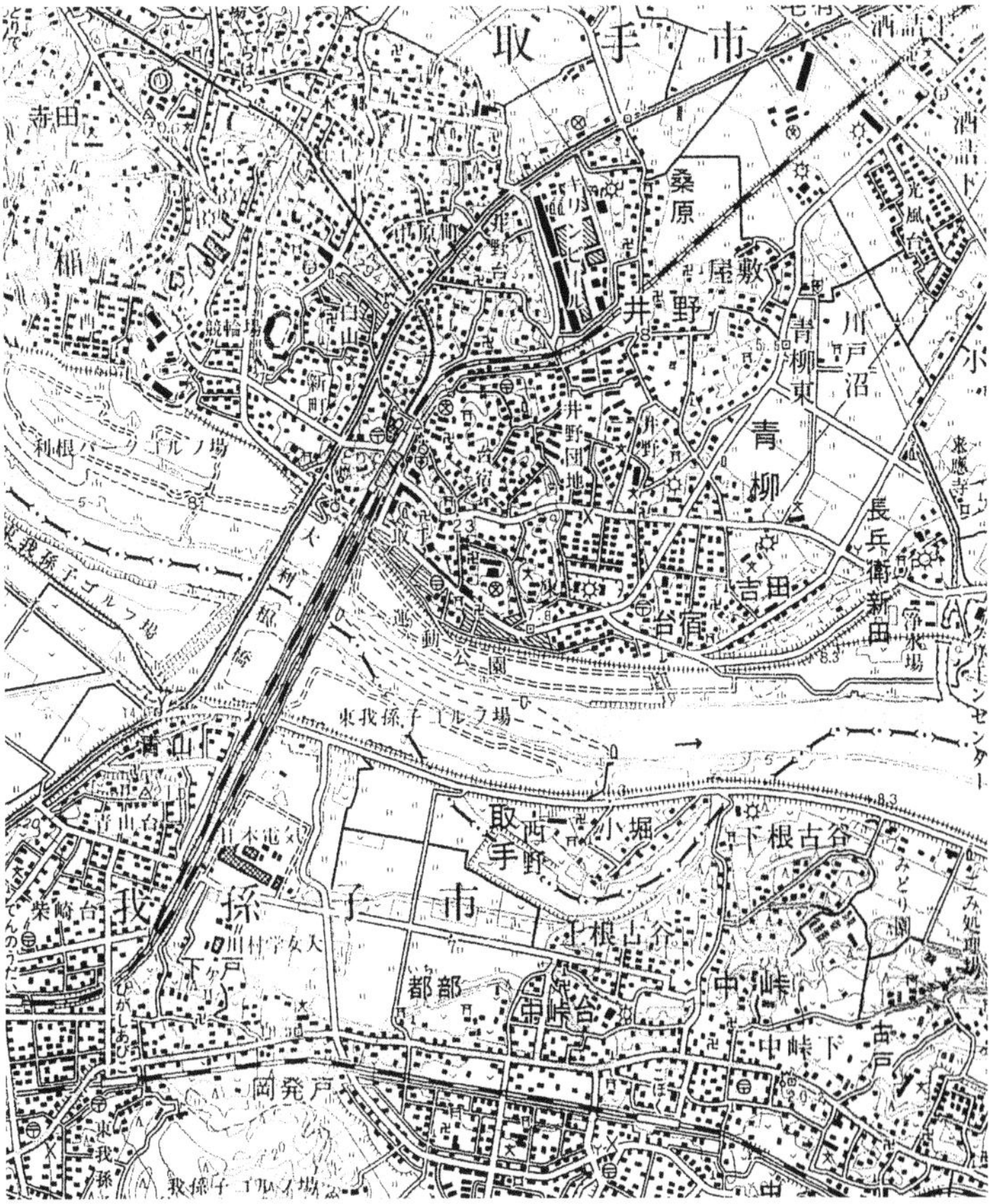

取手市小堀一帯の地図（国土地理院発行の5万分の1図「龍ヶ崎」の部より）

「岡ノ堰より蚕養《こかい》川を堰き入れたる流を、利根川に落す処なれば然《しか》いへり」

岡ノ堰は、ふつう岡堰《おかぜき》といい、小堀から北北西へ五キロばかりの小貝川（蚕養川）に現存する取水堰である。その水を堰入れた流れの落ち口があったからといって、どうして小堀の地名ができ、それをオオホリと呼ぶようになったのか、宗旦の言わんとするところは、いまひとつ明らかでない。

察するに、その流れを「落ち堀」あるいは敬語を付けて「お堀」と言っているうち、オオホリに訛った、ということだろうか。岡堰は江戸前期の関東郡代、伊那忠治の主導によって築かれたものだが、広大な水田の経営を可能にしたことから一帯の農民には忠治に感謝する気持ちが強かった。だから、用水を「お堀」と称してもおかしくはない。

しかし、岡堰が竣工した寛永七年（一六三〇）よりはるか前、「小堀」の地名はすでに存在していた。徳川家康の家臣、松平家忠の『家忠日記』文禄二年（一五九三）三月二十四日条に、鹿島神宮へ参拝しての帰途、

「小堀迄下向《げこう》候（中略）逗留候」

と見えるからである。要するに、小堀と岡堰の築造とを結びつける説は成り立たないことになる。

これに対して、角川書店『日本地名大辞典』の茨城県の巻は、

「オッポリは河川の氾濫によってできた沼地を指すか」

と述べている。これは当たっているように、わたしには思える。

小堀の地は、もとの利根川の曲流部に位置して、増水時には、しばしば水に浸かっていた。低湿地であり、あちこちに小さな沼ができていたため、オボリの地名が付いたということは十分にありえる。だから、「小堀」の文字を宛てたと考えれば、つじつまが合いそうである。東国ではニイホリ（新堀）―ニッポリ（日暮里）、アキバハラ（秋葉原）―アキハッパラのように、言葉が促音化する傾向があった。秋葉原なら、ほかの多くの地方ではアキバハラと発音するだろうが、東京のそれがアキハバラであるのは、アキハッパラが再転訛したためと思われる。

小堀もオボリ―オッポリ―オオホリと変化してきたのではないか。

五　「日本一短い手紙」の男の墓――取手市台宿

取手が中世の「砦」によって付いた地名であることは、まず間違いあるまい。その砦が「大鹿城」と呼ばれていた小規模な城を指していたことも、ほぼ確実だと思われる。取手は、かつて「大鹿取手」「大鹿取出」とも表記されていたからである。

大鹿城は、いまの常磐線取手駅の北西八〇〇メートルくらいの小高い丘の上にあったが、そこは現在、取手競輪場となっており、遺構は何も残っていない。

取手駅の北東六〇〇メートルほどの、やはり丘の上にも城があった。『利根川図志』では「本多氏城址《しろあと》」となっている。その本多氏とは、徳川家康の重臣、本多作左衛門重次（一五二九―九六年）のことである。といっても、すぐにはぴんと来ない人も少なくないのではないか。だが、

「一筆啓上　火の用心　お仙泣かすな　馬肥やせ」

という箇にして要を得た手紙を妻に出したことで知られる、あの仁だと聞けば、うなずかれる方も多いことだろう。その手紙は近ごろでは、「日本一短い手紙」などと称されている。

取手市台宿の本多重次墳墓

重次がくだんの手紙を妻に送ったのは、天正三年（一五七五）、長篠の合戦で陣中にいたときのことであった。「お仙」とは、重次の嫡子、仙千代（のちの本多成重）のことである。当時、数えの四歳であった。ちなみに、今日、人口に膾炙《かいしゃ》している右の文言は、もとは、

「一筆申す　火の用心　お仙瘦《やせ》さすな　馬肥やせ　かしく」

だったという。言葉の調子をよくし、また後世の手紙文の形式に合うように、少し改変が加えられたのであろう。

重次は、豊臣秀吉の不興を買ったことがあるらしく、そのため家康は関東移封後やむを得ず重次に蟄居を命じていた。そこが「本多氏城址」だが、その一角に「本多重次墳墓」と名づけられた史跡がある。現今の住居表示では、取

手市台宿二―一三になる。

墓域は玉垣に囲まれ、中央に高さ一・四メートルばかりのかなり大きな五輪塔が建ち、向かって右側にはそれよりやや小ぶりの五輪塔、左側には角柱型の石塔が並んでいる。

真ん中の五輪塔が忠次の墓とされているが、銘はいっさいない。左側の石塔には「本多九蔵藤原重玄《しげはる》之墓」と刻まれているという。重玄は重次の弟である。ただ、その死は永禄元年（一五五八）、一八歳のときであり、ほかの場所に葬られたはずである。また、墓塔の形も明らかに江戸期以降のそれで、ずっとのちに「兄のそば」に改めて設けたものだと考えられる。

右側の、もう一つの五輪塔には「坂休院　寛永四丁卯《ひのとう》九月十二日　体誉一源浄本居士」の銘があるといい、茨城県教育委員会のホームページによると、「重次の客人であった岡野彦五郎」の墓だとされている。寛永四年は一六二七年だから、どんなに早くても江戸前期の建立になる。

重次自身の「墳墓」も、あるいは死後、何十年もたって建てられたものかもしれない。しかも、これは遺骸や遺骨を埋めたところではなく、もともとは供養塔であった可能性もありはしないか。

まあ、こんなことは、いらぬ詮索だとは思うが。

六　我孫子市布佐

1　凌雲堂医院

本書の利根川流域探訪は、これまで茨城県利根町布川から、おおむね左岸沿いに取手市街まで一〇キロほどさかのぼってきた。ここで対岸へ移り、布川の向かいの千葉県我孫子市布佐《ふさ》から、しばらく右岸を上流へ歩いていくことにしたい。

布佐の川港としての繁栄は、布川より少し遅れて始まったらしい。しかし、水運の衰えによる影響は、やや小さくてすんだ。利根川を渡らずに東京方面へ往復できたからである。とくに明治三十四年（一九〇一）、東京の上野と千葉の成田とが鉄道で結ばれると、その途中の布佐は、布川にくらべて著しく便利になった。

柳田國男の一五歳年上の長兄、松岡鼎《かなえ》が布川の済衆医院をたたんで、布佐へ転居し、ここに凌雲堂医院を開いたのは、明治二十六年（一八九三）二月であった。この移住は、町の将来性うんぬんを考えてのことではなかったろう。鼎は、ただ広い家を切実に必要としていたのである。

鼎は布川では、医家である小川家にもとからあった診療室を、そのまま医院として使うかたわら、敷地内の「三間《さんま》ばかりの長屋風の細長い家」（『故郷七十年』）を借りて住まいとしていた。そこは明治維新後、江戸でも著名だった田村江村という学者を寄寓させるため、小川家の当主が建てた家であった。

満で一二歳になって間もない國男少年が、ここへあずけられたのは同二十年九月のことである。兄弟二人なら三間の家でも別に困らなかったろうが、翌年早々、鼎は現茨城県境町若林の鈴木家からひさを妻として迎える。ひさは、その年のうちに長女を出産し、長屋風の家に四人が同居することになった。

ところが、國男からちょうど二年遅れて父の操《みさお》、母たけ、國男より三歳若年の弟静雄、六歳下の弟輝夫の四人が布川にやってくる。一家は、鼎の経済的支えがなければ、暮らせなくなっていたのである。

といっても、小川家の離れでは、どうみても八人は寝起きできない。そこで、鼎は利根川べりに新たに家を借りて、両親と國男を含めた三人の弟をそちらへ移したのだった。これが明治二十二年秋のことである。そのころから鼎は、もっと広い家を構えることを計画していたに違いない。四年後に、ようやく準備がととのい、適当な地所も見つかって転居となったのだと思われる。

操もたけも、純然たる播州（兵庫県南西部）の人間である。それが、当時の年齢感覚では老境といってよい五十代になって、父祖伝来の土地を離れ、一家をあげて遠い関東の、おそらく以前なら名さえ耳にしたこともなかった布川を終《つい》の棲家とする決心をしたのには、深刻な理由があった。だが、その話へ移る前に、凌雲堂医院のその後について簡単に記しておきたい。

鼎が布佐で取得した土地は、いまの国道356号に面していた。現行の住居表示では、布佐三〇六九になる。敷地の裏は利根川の土手に接しており、明治のころにはまだ低かった土手の向こうを白帆の川舟が行きかう様子が近々と望めたようである。

鼎は昭和九年（一九三四）、七五歳で死去するまで、ここで凌雲堂医院の経営をつづけた。その間に、千葉県医師会の会長や布佐町長などを歴任している。医院は二男の文雄氏（一九〇一―九八年）が受け継ぎ、平成の初めごろまで診察をしていたという。

令和二年の春、わたしは医院がどうなっているのか知りたくて訪ねていった。しかし、かつて表に掲げられていた、

「内科・小児科　凌雲堂医院」

の看板は、すでになかった。門柱には表札も出ていない。人が住んでいる気配もとぼしいように、わたしには感じられた。

我孫子市布佐で開業していた当時の凌雲堂医院（茨城県利根町教育委員会発行のパンフレット『少年柳田國男』より）

無住なのだろうかと思いながら、無断で門から一〇メートルほども中へ入っていった。すると、高齢の男性が庭木の陰からすっと姿を現したのだった。どうも庭の草木の手入れをしていたらしい。わたしは慌てて非礼をわびた。

男性は文男氏の、ご子息であった。昭和六年（一九三一）の生まれだというから、このとき数えの九〇歳だったはずである。わたしは勝手なふるまいついでに、一〇分ばかり男性と立ち話をさせていただいた。

鼎は、写真によるかぎり柳田國男に似ているという印象

は、少なくともわたしにはなかった。ところが、孫の男性は晩年の柳田にそっくりだった。男性も、やはり医師であった。ただ、父の医院は継がずに、ずっと勤務医として過ごしてきたという。わたしは、いろいろ訊いてみたかったが、おかしな出会い方だったので、ためらいを覚えた。

柳田國男は背が高かったと記した資料がある。写真によっては、いかにもそう見えるものも、そんな感じは受けないものもある。それで柳田の体格についてたずねてみた。

「そんなに高くはありませんでしたよ。わたしは一六五センチですが、同じくらいだったと思いますねえ。痩せていたから、高く見えたんじゃありませんか」

ということだった。それでも、明治初めの生まれにしては、かなり長身の部類に入ることは間違いない。

祖父の鼎には、六人の子がいたことも教えてくれた。話しぶりは、驚くほどしっかりしていた。わずかな時間、当たり障りのない話をしただけであったが、もの静かで、ごく気さくな人のように思われた。

2　松岡鼎の四度の結婚

布川の小川家の離れで、柳田國男が暮らしていたころ、長兄鼎のもとに嫁いできた鈴木ひさは、鼎にとっては三人目の妻であった。

鼎の最初の結婚は明治十二年（一八七九）、数えで二〇歳のときである。いまなら高校を卒業して間もないくらいの年齢ながら、すでに郷里（現兵庫県神崎郡福崎町）の小学校校長の職にあり、家督も相続していた。そんな若年で校長になれたのは、「ほかの人はみな無資格者だった」（『故郷七十年』）のに、鼎は神戸師範学校を卒業していたかららしい。

妻は、近くの医家、皐《おか》家の娘だったが、名前も生年も伝えられていない。この結婚は、わずか一年ほどで破綻してしまう。新妻が実家へ逃げ帰ったのである。柳田は、その事情について次のように語っている。

「私の家は二夫婦は住めない小さい家だったし、母がきつい人だったから、まして同じ家に二夫婦住んでうまくゆくわけがない。『天に二日なし』の語があるように、当時の嫁姑の争いは姑の勝ちだ」（前掲書一五ページ）

現福崎町西田原字辻川の一家の住まいは四畳半が二部屋、三畳が二部屋の合わせて四間だった。柳田は後年、この生家のことを、しばしば「日本一小さな家」だったと振り返るようになる。しかし、もっと小さな家がいくらでもあることは、もちろん知っていた。彼はなぜ、そのような表現をあえてしたのだろうか。

母のたけは、「きつい人」だというほかに、そのころただの姑とは違う状態にあった。長男の鼎が結婚する前年、明治十一年の五月、七番目の子の静雄（のち海軍大佐、民族学者）を出産したばかりだったのである。

たけは、このあと八人目の子を産むことになるが、すべて男子であった。鼎が皐家の娘を嫁に迎えたとき四男と五男は、すでに亡くなっていた。大阪の旅宿に滞在中、数えの一九歳で腸チフスのため急死する二男の俊次は、現兵庫県姫路市の呉服店へ住み込み奉公に出ており、生家にはいなかった。三男の通泰は、静雄が生まれた年の暮れに、同じ村の井上家へ養子に入っていた。

それでも、合わせて一五畳の家に操夫婦、長男の鼎、六男の國男、赤ん坊の静雄の五人が暮らしていたことになる。そこへ他家の若い娘が加わったのである。しかも、幼児をかかえているのは嫁ではなく、姑の方であった。このような状態では、ただでさえうまく行くことが少ない姑と嫁とのあいだがこじれたとしても、何の不思議もなかった。柳田は、その兄嫁について、

「母との折合いが悪くて実家に帰った」

と記しているが、生涯、彼女に好意を抱いていたことから考えて、非が母にあったことはよくわかっていたろう。ありていに言えば、彼女はたけに追い出されたのである。

彼女はのちに天台宗の僧侶のもとに再嫁し、六人の子をもうけて幸福な家庭生活を送っている。柳田が『故郷七十年』に彼女のことをかなり詳しく書いているのは、離婚が生涯にわたる不幸をもたらしたわけではなかったからであろう。

だが、鼎の二度目の結婚には、同書を含めて、どんな記録でもいっさい触れていない。いや、三人目の妻、鈴木ひさのことを「二度目の兄嫁」（前掲書一二九ページ）と、事実とは異なる説明をしているほどである。それは、二人目の妻のうえに起きた悲劇が、双方の家の人びとに、いやしがたい傷を残したためであったに違いない。

鼎の再婚相手のことは、ほとんど何もわからない。いつ嫁に迎えたのかも不明だが、鼎は明治十四年（一八八一）すなわち最初の離婚の翌々年の十一月に単身で上京しているので、同十二年

から十四年のあいだであったと考えられる。

やはり近村から迎えた二人目の嫁も、たけとはうまくやっていけなかった。たけは同十四年の七月に末子の輝夫（のちの日本画家、松岡映丘《えいきゅう》）を出産している。長男が再婚相手と暮らしているあいだのある時期、身重の体であったと思われる。輝夫の上の静雄は十一年五月の生まれで、何かと手のかかる年ごろだった。そこへ嫁と姑の問題が重なって、家は修羅場に近かったのではないか。

我孫子市布佐・勝蔵院墓地内の松岡家奥津城。正面中央が操夫妻の墓

二人目も結局、松岡家を去っていく。それは、ただの離縁ではすまなかった。傷心の嫁は、このあと実家のそばの溜め池に身を投げて自ら命を絶ったのである（宮崎修二朗『柳田國男　その原郷』および『柳田國男トレッキング』による）。これは、皐家の娘の場合とは異質の、地域社会全体に衝撃を与えた悲惨な事件であった。

「兄はそのためヤケ酒を飲むようになり、家が治まらなくなったので、もともと松岡家は医者だったからということで、家と地所を売り、その金で当時の大学別科に遊学させられることとなった」（前掲書一五ページ）

柳田は、長兄の最初の離婚にだけ触れて、そう語っているが、兄のヤケ酒の主因が二人目の妻の自死にあったことは、いうまでもあるまい。いや、二度にわたる母親の理不尽に怒ってのことであったろう。しかし、鼎は面と向かって母を難詰することはなかったらしい。松岡家だけでなく、当時の知識人の家庭というのは、子が親に向かってあからさまな言葉を投げつけることなど、許されなかったようである。

鼎は、このあと布川にいたとき鈴木ひさと結婚し、ひさが二八歳で病死したあと、現茨城県土浦市生まれの沼尾ふみを四人目の妻に迎えている。ひさとのあいだに三人、ふみとのあいだにも、やはり三人の子がいた。

松岡操夫婦、松岡鼎とひさ、ふみの墓は、我孫子市布佐二二八五、天台宗勝蔵院が管理する墓地にある。

3　関東移住後の松岡操、たけ夫婦

松岡鼎は明治十九年（一八八六）、医師の速成養成機関であった東京帝大医学部の別科を卒業して、翌年二月に布川で済衆医院を開業する。

鼎は、その年の九月、弟の國男を引取り、つづいて同二十二年九月には両親と、まだ幼かった七男、八男の合わせて四人を布川へ呼びよせる。操、たけ夫婦にとっては、一家を挙げて関東移住をはかったことになる。

実は、この前の同十七年、松岡家は旧田原村辻川を引き払って、八キロばかり東に位置する、たけの郷里の加西郡北条町（現加西市北条町）へ転居していた。この引っ越しは、操の仕事の都合などではなかった。

松岡操（一八三二―九六年）は、その一生を和漢の学とともに過ごしたような知識人であり、藩政時代から明治初期にかけては医者、私学校の師範、漢学塾の教師、神社の祠官などを務めたが、維新後の社会の激変についていけず、いっとき神経衰弱を患ったりしたこともあった。世事にうというえ金銭感覚にとぼしくて、生活力には欠けていたらしい。明治十七年ごろ何をしていたのかはっきりしないが、すでに五〇歳を超え、これといった仕事はしていなかったのではないか。

一家の北条移転は結局、長男鼎の二度の離婚、とくに二人目の妻の自死によると考えるしかあるまい。世間は、二人の嫁とも、たけに追い出されたとうわさしていたろう。

「そういえば、あそこの姑はきつい人だから」

といった棘のある言葉が操やたけの耳に入ってくることも、あったに違いない。

指弾は初めは鼎にも向けられていたはずだが、鼎が校長の職を捨てて郷里を出たあとは、もっぱらたけが、その標的になったと思われる。そうなったときの地域社会の住みづらさは、また格別のものである。たけはやがて、それに耐えられなくなり、生まれ故郷へ逃げていったといえる。

しかし、そこはわずか二里（およそ八キロ）ほど先にすぎない。うわさは尾ひれを付けて、すぐ追っかけてきた。これが、父祖以来、何代にもわたって播州に根をはり、ともに学者の家系として人びとから尊敬をあつめていた家の出の操とたけが、思いもかけず遠い関東へ移住を決意した理由だったようである。

大正10年当時の松岡家5兄弟。左から映丘（輝夫）、静雄、柳田、鼎、井上通泰

柳田國男は、長兄が関東で医院を開業したのは、

「〔郷里の親類は皆医者だが〕私の家はしばらく医者をやめていたので、今さらそれらの親類の中へ割り込んで、競争するのは嫌だという点があった」（『故郷七十年』一二九ページ）

と述べている。

これは事実をぼかしたものというしかない。鼎は帰りたくても、帰ることができなかったのである。それで、故郷にいづらくなっていた両親を引き取る決心をしたのであろう。

一家四人が布川へ来た明治二十二年九月、鼎の三人目の妻ひさは、生後九ヵ月の子をかかえ、さらに第二子を妊娠中であった。鼎としては、いやでも辻川での悲劇を思い出さざるを得なかった。だから、小川家の離れでの同居を避けて、利根川沿いに借家を見つけたのである。

だが、そこから済衆医院までは、歩いて一〇分とかからない。まわりに知り合いなど全くなかったたけは、長男宅へよく顔を出したのではないか。出せば、嫁のふるまいのいちいちを目にすることになる。夫への接し方、子の育て方が松岡家の家風に合うかどうかが気になり、その関東弁が耳にさわったらしい。

鼎は母をこのままにしてはおけないと思い、そのころ東京・御徒町《おかち》（現台東区）で眼科医院を開いていた弟井上通泰《みちやす》（三男で井上家に養子に入った）のところへ、たけと七男の静雄、末子の輝夫をあずけたのだった。

通泰も同郷の若いマサを嫁に迎えたばかりであった。ところが、ここでもたけは、「主婦権を行使」することになる。そうして、新家庭は、

「〔通泰とマサは〕二階の兄の部屋の端の方に小さくなって暮すというような状態であった。いろいろわれわれには解らない女の人の道徳というものがあったことを、私もこのごろになってしみじみ考えさせられるのである」（前掲書一四一ページ）

という暮らしぶりに変わってしまう。

やがて、マサが妊娠すると、通泰は、母がいる東京ではなく、田原村の自分の養子先で出産することを妻にすすめた。それが、まわりの者たちの総意でもあった。「田舎の方が健康にいいから」を口実としていたが、みなが何を心配していたのか記すまでもない。

その配慮は裏目に出た。マサは辻川の友人の家へ遊びにいった帰り、折りから流行していた赤

痢にかかって、手当てをする間もないうちに亡くなったのである。

これはもちろん、だれのせいでもない。しかし、たけが井上医院へ来なければマサの転地はなかったはずであり、赤痢で死ぬこともなかったとの思いは、おおかたの人びとに残ったのではないか。

通泰は、このあと再婚するが、それとほとんど同時に姫路の県立病院の眼科医長の職を得て東京を離れる。御徒町にいたら、母との同居がつづくことになる。そうなれば、また何が起きるかわからない。その赴任は、母からの逃亡が主な目的だったといっても過言ではなかった。たけは再び、鼎のもとに引き取られた。鼎が明治二十六年、布佐に凌雲堂医院を開業してからは、その敷地内で暮らした。同二十九年七月、「卒中」のため亡くなった。五七歳であった。この二ヵ月後、操も気落ちしたのか、妻のあとを追うようにして死去した。六五歳だった。

柳田は、晩年のたけについて、

「体も大分弱っていたし、気持も何となくイライラするようなこともあった。あんな思いをせずに亡くなったのだったら、と思うこともあるが、仕方のないものである」(前掲書一一九ページ)

と振り返っている。

「あんな思い」とは、長男や三男が嫁を迎えるたびに、何かと摩擦を繰り返し、自らも苦しんだことを指しているのであろう。たけには、わかっていても自分たちの時代の女とは違う嫁たちの生き方が我慢できず、口出しを抑えられなかったのかもしれない。

七　峠の字を「ひょう」と読む理由——我孫子市中峠《なかびょう》

もとの凌雲堂医院から西北西へ六キロばかり、古利根沼すなわち旧利根川の南岸近くに我孫子市中峠という地名がある。この字は不思議なことに、ナカビョウと読む。しかも、千葉県には同じような読み方をする例が珍しくない。いくぶん繁雑になるが、そのいくつかを挙げておきたい。

- 山武《さんむ》市木原字中峠《あざなかびょう》
- 東金《とうがね》市松之郷字中峠《なかびょう》
- 印西《いんざい》市浦幡《うらはた》新田字榎　峠《えのきびょう》
- 柏市高柳字稲荷峠《とうかつぴょう》
- 同市鷲野谷字稲荷峠《とうかつぴょう》
- 同市藤心《ふじごころ》　字　狐　峠《きつねつぴょう》
- 同市金山字　狐　峠《きつねつぴょう》
- 東金市滝沢字峠道《ひょうみち》
- 同市酒蔵《しゅぞう》字峠《ひょう》ノ崎《さき》
- 同市極楽寺字峠《ひょう》ノ腰《こし》

これらは現在では、ほとんどが地番表示になっており、地元でも知っている人は少ないところもある。しかし、かつては地域社会で日常的に使われていた地名であった。一見して明らかなように、「峠」と書いてヒョウ（濁ってビョウ）または、それに近似した読み方をしていたことがわかる。

一方で、ヒョウ（ビョウ）の音に対し、別の漢字を宛てている場合も、なかなか多い。

- 大網白里市萱野字中瓢《なかびょう》
- 袖ヶ浦市上宮田字　境俵《さかいひょう》
- 同市下宮田字　境鋲《さかいびょう》
- 同市永吉字中嘌《なかびょう》
- 市原市引田字中嘌《なかびょう》
- 同市深城《ふかしろ》字　狐嘌《きつねつぴょう》
- 同市金剛地字毛無鋲《けなしびょう》
- 千葉市若葉区大井戸町字堂間表《とうかんびょう》
- 同市中央区都町字東関尾《とうかんび》余《よ》
- 山武《さんぶ》郡芝山町殿部田《とのべた》字稲荷塚《とうかんびょう》

などである。

なお、資料によってヒョウに右とは違う漢字を用いていたり、今日、現地の人の発音を耳にすると、振っておいた仮名と微妙に異なって聞こえることもある。人びとが話し言葉で伝えてきた小地名は、もともとがそのようなものであった。

これらの難読地名が現千葉県に偏在していることは、かなり古くから知られていた。疑問を抱いて、いくつくらいあるのか調べた人もいるらしい。例えば、白井市のもと高校教諭で、小林茂さんという方が平成二十三年十月二日、柏市で「峠物語」と題した講演を行ったことが、そのころ新聞に載ったことがある。同氏の調査では、県北部で一九八ヵ所の「ビョウ」地名を確認できたという。わたしは残念ながら、その講演を聞いておらず、書いた文章も目にしていない。

峠をヒョウと読む地名については、赤松宗旦も柳田國男も注目し、その理由をさぐろうとしている。右に列挙したヒョウ地名も、多くは柳田の『地名の研究』中の「峠をヒョウということ」から抜き出して、現行の住居表示になおしたものである。

『利根川図志』の「取手宿」に見える説明は、どうも意味がとりにくい。あるいは、ヒョウとは「山」のことだとしているのだろうか。

一方、柳田説はずっと明快で、説得力がある。かいつまんでいえば、柳田は「(ヒョウの)元の字は標で澪標《みおつくし》のツクシ、すなわち榜示《ほうじ》の義であろう」と考えていた。

多少の補足をしておくと、漢字の「標」は標的、目標、標識などの標で、「しるし」「めじるし」の意である。日本語のミオツクシ(澪標)は「ミオ(舟の航行に適した水路)ツ(所有の意に使う助詞で、現今のノと同義)クシ(串)」が語源だとされている。つまり、ミオツクシは、水路の目印にした標木を指すことになる。榜示の「榜」は「たてふだ」のことである。「示」が付いても意味に変わりはない。

要するに、ヒョウとは「しるし(印)のために立てた木」のことであり、とくに境界の標木に

由来するというのが柳田説である。これは卓見というべきで、先の、

・袖ヶ浦市上宮田字境俵

・同市下宮田字境鋲

などは、それをよく裏づけている。

また、ヒョウ地名に多い、稲荷《とうかん》ビョウ、狐ビョウは、稲荷《いなり》すなわちキツネを境の神とする古い習俗によるというのが柳田の考えであった。イナリをトウカン（トウカの転訛）と音読みするのは、とくに関東地方では普通のことである。

・山武郡芝山町殿部田字稲荷塚

は、境の印が木ではなく、土盛りの塚だったからであろう。

千葉県柏市高柳・稲荷峠公園前の標識。「稲荷峠」に「とうかっぴょう」のルビが振られている。

さらに、エノキは境に植えられることが珍しくなかった。

中ビョウの「中」は、村と村とのあいだ（真ん中の「中」）の義だと思われる。そういう場所は峠になっていることがよくあり、それで「峠」の文字を宛てたようである。

ヒョウなる地形語は、いつのころかに現千葉県の方言のようになってしまったが、ほかに例がないわけではない。

・茨城県筑西《ちくせい》市井上字中兵《なかびょう》

・新潟県魚沼郡湯沢町と群馬県利根郡みなかみ町境の平標《たいらっぴょう》山（一九八四メートル。高山にしては山頂付近が平坦である）

・長野県飯田市と静岡県浜松市天竜区境の兵越峠《ひょうごし》（兵越は「標越」の意か）
・三重県熊野市井戸町と同市木本町境の評議峠《ひょうぎ》（評議は「標木《ひょうぎ》」の意か）
・鳥取県八頭《やず》郡若桜《わかさ》町と兵庫県養父《やぶ》市境の氷ノ山《ひょうせん》（一五一〇メートル。氷は「標」の宛て字か）
・大分県日田市上津江町と熊本県菊池市原境の兵戸峠《ひょうど》（兵は「標」の、戸は場所を指す「処《と》」の宛て字か）
などは、おそらくそれではないか。

八　柏市布施の布施弁天

千葉県我孫子市中峠《なかびょう》から利根川沿いをさかのぼって、JR常磐線と国道6号（水戸街道）を越すと、その先は広大な水田地帯になる。幅一―二キロ、長さ一〇キロに及ぶ、いまではきれいに区画整理された耕地は、もとは利根川の氾濫原であった。

同県柏市布施の布施弁天は、その田んぼに南から北へ向かって突き出した低い丘の先端部に位置している。ここは、

・神奈川県藤沢市の江の島弁天

・東京都台東区の浅草寺《せんそうじ》弁天堂または同区の寛永寺不忍池《しのばずのいけ》弁天堂と並んで、関東三大弁財天《べざいてん》の一つとされている。

弁天（弁財天）は水の女神であり、水辺に祀られることが多い。たいていは琵琶を手にした女神像として表現され、周知のように七福神の一神である。

布施弁天一帯は江戸時代から景色のよいことで知られ、『利根川図志』にも、

「詣人《けいにん》群集し、戸頭《とがしら》の渡舟を望み、曙《あけぼの》山の桜楓を眺めて、頗《すこぶ》る勝景と称するに足れり」

と見える。

戸頭の渡し舟とは、布施と現茨城県取手市戸頭とを結んでいた利根川の「七里《しちり》ヶ渡《わた》し」のことである。平安時代にすでに存在していたらしく、ここを通る道は水戸街道の脇往還に当たっていた。

曙山は弁天の裏手に広がる桜の名所で現在、公園となっている。隣には、あけぼの山農業公園があり、チューリップ、ヒマワリ、コスモスなどが季節ごとに咲きほこって、年中、訪れる人が絶えない。

布施の地名は、古代の「布施屋」に由来するという説が妥当ではないか。布施屋は奈良時代から平安時代にかけて、旅行者とくに調《ちょう》（一種の人頭税として課された各地の生産物）や庸《よう》（現物で納める税の一種）を運搬する者のために、国家や寺院が設けていた無料の宿泊施設のことである。

いま布施弁天と一体化している紅龍山東海寺は、寺伝によると、空海（弘法大師）作の弁財天

像を本尊として、大同二年（八〇七）に開山したとされている。しかし、これはよくある弘法伝説の一つと考えるほかない。ここに弁財天が祀られたのは江戸初期のことであり、その後、寺院が併設されたようである。

図志は、東海寺の寺宝に「蟠龍石《ばんりようせき》」なるものがあると述べて、その図を載せている。三角形の握り飯のような形の黒い石に、白地の龍の絵が現れ、しかも龍は複雑な形を示している。天然の石で、本当にこんなものがあれば、図志の記すとおり、

「実《じつに》 希世之珍也（実に希代の珍物である）」

ということになるだろう。

くだんの石は今日、本堂内の正面に向かって、やや左寄りに安置されており、だれでも見ることができる。ただし、本堂での撮影は禁止されているので、どんなものか言葉で説明しておきたい。

寺では、これを蟠龍石ではなく、「蛇紋岩」と呼んでいる。図志の絵から受ける印象よりずっと小さく、目測で横は三〇センチたらず、高さは二〇センチ余りではないか。石は異様なほどつやつやとした漆黒地である。そこに体の配列は図志の龍とほぼ同じ感じで、蛇の図柄が灰色に浮き出ている。蛇は、かなり単純化されているが、ほかの動物と見まちがうことはあるまい。この模様は、どう考えても天然のものではなく、全体にか少なくとも相当程度に人工が加わっているように思われる。

いずれであれ、図志の絵は実物のスケッチではない。画工が、実際に見た人から詳しく話を聞

いて、筆をとったのでもなさそうである。どうも、かなりあやふやな伝聞にもとづいて絵にしたのではないか。

赤松宗旦はまた、「（寺の）東麓に窟《いわや》あり」とも書いている。これは現存しないようである。のみならず、何を指してのことかもはっきりしない。

ただ、本堂の南南東に「弁天古墳」と名づけられている五世紀前半ごろの前方後円墳があって、その埋葬施設か石組みの残存物が、かつて露出していたことはあり得る。あるいは、それを「窟」と呼んだのだろうか。

柏市・布施弁天東海寺の本堂

布施弁天東海寺の寺宝「蟠龍石」

平成になってからの発掘調査で、いま妙見堂が建つ小丘の土中に埋まっていた木棺から石枕《いしまくら》や石の立花《りっか》などが出土した。

石枕は、馬蹄形の石製の枕である。死者の頭を、その上に置いたと考えられている。枕の縁辺には、ほぼ等間隔に十数個の小さな穴があけられていた。ここに「半」の字のような花形の石の軸を指し込んだらしい。それが立花である。

石枕にも立花にも、クマネズミの歯型が残っていた。遺体がかじられた際に、ついたのであろう。

九　取手市岡

1　岡堰《おかぜき》

布施弁天の北方一キロばかりで、利根川対岸の戸頭《とがしら》とのあいだを往復していた七里ヶ渡しの場所に現在、新大利根橋がかかっている。

この橋を右岸から左岸へ渡り、北北西へ四キロほどで小貝川（利根川の支流）に臨む茨城県取手市岡に出る。ここには、

岡堰の湖水のような眺め。左手に水神岬が見える。

•福岡堰（同県つくばみらい市仁左衛門新田と同県常総市大崎町にわたる）
•豊田堰（同県龍ヶ崎市豊田町）
と並んで、関東三大堰の一つ岡堰がある。
岡堰は寛永七年（一六三〇）に竣工した農業用の取水堰で、せきとめられた上流側の流れは幅広にゆったりと広がって大きな湖水のような景観を呈し、そのころから景勝の地として知られることになった。文化十四年（一八一七）八月、当地を訪れた随筆家の高田与清《ともきよ》は『相馬日記』に、
「洲崎の荒《あら》ら松原に弁天の御《み》麁香《あらか》有りて、その景色絵に書きたらむ様なり」
と記し、『利根川図志』も、これをそのまま引用している。
洲崎とは、右岸（南岸）側から川に突き出した長さ一〇〇メートルほどの細長い岬である。そこはいま水神岬公園と呼ばれ、名のとお

り水神を祀る石の祠が建っている。与清のいう「弁天の御麁香（社殿）」は、これのことであろう。当時、岬はまばらな松の林（荒松原）におおわれていたようだが、今日、松の木は全く姿を消して、代わりに何本かの桜がかなりの大木に育っている。

岡堰や福岡堰の工事が行われた当時、これを指揮したのは関東郡代の伊奈忠治《ただはる》（一五九二―一六五三年）であった。伊奈家は先代の忠次の時代から、利根川水系の河川の開削、瀬替え（流路の変更）、分流、治水などの大工事を監督する役務に当たっており、とりわけ二代忠治の功績が大きかったとされている。忠次、忠治親子や、その後の伊奈家当主たちが、もっぱら幕府権力の上層部の意に沿う形で仕事をしていたのか、どちらかといえば農民たちの利をはかろうとして働いていたのか、わたしにはわからない。

だが、とくに岡、福岡両堰と、忠治の死後に完成した豊田堰の設置が、流域農民の生活を著しく向上させる結果をもたらしたことは間違いない。それに対する感謝から建てられたのが、福岡堰わきの伊奈神社である。この神社は忠治を祭神としている。

天神社（天満宮）の祭神・菅原道真をはじめ、実在の人物が神となった例は決して少なくない。江戸時代にあっても、佐倉惣五郎のように、農民一揆の責めを一身に背負って刑死した義民などを祀った神社や祠は、各地に少なからず残っている。

しかし、伊奈神社の創建は、忠治が死んで三〇〇年近くたった昭和十六年（一九四一）のことである。堰の恩恵がなおつづいていたからであろうが、こんな例は珍しいのではないか。

『利根川図志』という本には、現代のわれわれにはどうも理解しがたい奇妙な傾向がみられる。それは、赤松宗旦が住んでいた現利根町布川のすぐ近くのことなのに、自らの見聞を記すのではなく、しばしば他人の著述から文章を引用するところである。ひょっとしたら、宗旦は田舎住まいの自分の目や耳より、過去のとくに中央の文人たちの文献類が信用されやすいとでも考えていたのではないか。そう受取りたくなるほどである。

現取手市岡は、直線距離だと布川から北西へ一二キロくらいしか離れていない。道のりでも、せいぜいで一五、六キロであろう。足の達者な大人なら三時間たらずで歩ける。まさか、宗旦が岡へ行ったことがないとは思えないが、なぜか図志にはそれらしい記述が見当たらない。代わりに、宗旦より二三歳ほど年長で、江戸でも名を知られていた随筆家、高田(小山田)与清(一七八三―一八四七年)の『相馬日記』からの引用が長々とつづくのである。

それは先の岡堰についてもそうだが、これから紹介する「平将門旧址」と題された項でも変わらない。

2 「平将門旧址」

平将門(生年未詳、九四〇年没)は、現在の茨城県南西部を中心にした一帯の土豪を糾合して、京都の朝廷勢力に反旗をひるがえしたが、わずか二ヵ月ほどで討伐されている。その際、京都の「本天皇」(当時は朱雀《すざく》帝)に対して「新皇《しんのう》」を称したのだった。朝廷側からみれば、これ以上はないような朝敵と映ったのは当然である。しかし、東国にあっては時の経過とともに英雄視されて、おびただしい伝説が生まれている。

岡にも、それが少なからずあって、どうやら与清は、この地の「将門旧址」を本物だと信じていたらしい。例えば、岡の地名のもとになったと思われる、地内の小高い丘に残る岡城跡である。

この頂には「大日山古墳」と名づけられた古墳があり、いまはその上に岡神社が建っている。周辺が岡城の本曲輪《ほんぐるわ》のあったところだが、『相馬日記』には、

「坂を登りて高き岡に大日堂あり。古き松など有りて眺望《ながめ》好しき所なり。将門がうたれし跡なりといふ。熟《つらつら》この堂の貌《さま》を見るに、古墳《ふるづか》の上に建てたるなり。これ将門が骸《かばね》を埋めけむ所にて、かの仏嶋は伴類《ともがら》の屍《しかばね》にや、兵具《つわもの》など埋めたンなるべし」

大日山古墳の上に立つ岡神社

とある。
将門は、いま岡城跡となっているところで朝廷軍に討たれ、その遺体は「大日山古墳」に埋葬されたとしていることになる。また、右の「仏嶋」は、ここから北へ二〇〇メートルばかりの平地で、やはり「仏島山古墳」がある。与清は、そこに将門の家来たちを埋めたと考えていたのである。
与清は決して、伝説を無邪気に信じる

ような人間ではなかった。むしろ、近代以前の学者としては、合理的な思考の持ち主だったといってよいと思う。それが、一〇世紀の武将の将門が、おそらく数世紀はのちに設けられた城で最後の戦いに臨んだとか、その遺骸が将門の死よりずっと前の古墳時代の墓所に葬られたと、まことしやかに書いたのは、要するに史学の未発達のせいであろう。

岡以外の「将門旧址」についても、今日の常識では首をかしげるような記述が少なくない。そうして、それは図志にも、そのまま引き継がれているのである。

一〇　アカボッケとは何か——守谷市赤法花《あかぼつけ》

茨城県取手市岡から小貝川に沿って北西へ四キロほど、同県守谷市本町の守谷城も『相馬日記』では、「こ、ぞ将門が住みし所なる」とされている。高田与清は、ここを平将門の居城と思っていたのである。

守谷城址には、いまも空堀や土塁の跡が、ほぼもとのままの形で残り、絵付きの説明板が至るところに立って、中世の城のありさまを理解するには格好の遺跡だといえる。しかし、その築城は最初期にまでさかのぼっても鎌倉時代初めのこととされ、将門の死から少なくとも二世紀半はのちになる。つまり、将門との直接の関係はなかった。ただし、将門の子孫を称していた下総相馬氏が、築城にかかわっていた可能性はあるらしい。

いま、わたしが取上げたいのは、そのあたりのことではなく、城址から北へ八〇〇メートルばかりに位置する小集落、守谷市赤法花という奇妙なひびきと文字の地名についてである。

現在の赤法花は二〇戸くらい、村の裏手（元来は表であったかもしれないが）は小貝川の右岸に臨んでいる。この地名は、守谷城から見た眺めが中国湖北省の名勝「赤壁《せきへき》」に似ていることによる、とよくいわれる。だが、どちらからであろうと、そんな感じは全くないだけでなく、そもそも赤壁に似ていたからといって、なぜアカボッケの名が付いたのかの説明にもなっていない。

アカボッケの地名は、ここのほかにも少なくとも何ヵ所かある。例えば、

- 茨城県筑西市桑山字赤法花《あかぼつけ》
- 栃木県下都賀郡壬生《みぶ》町中泉字赤仏《あかぼつけ》
- 福島県南会津郡檜枝岐《ひのえまた》村七入《なないり》近くの赤法華沢《あかぼつけ》

などである。アカボッケとは、いったい何だろうか。

まずホッケ（濁ってボッケ）だが、これは崖、急傾斜地を意味している。すなわち、カケ、ガケ、カキ、ハケ、ハゲ、ハガ、ハキ、ハギ、ハッケ、バケ、バッケ……などと同義の語で、これらが付いた地名は各地におびただしく残っている。小地名まで含めたら、おそらく万単位になるだろう。

その元来の意味は「欠け」だといってよい。地形の場合には、「何か巨大な力で打ち欠いたような場所」を指す。その語頭が濁音化してガケになり、また「カ」の音がハ行音に変わってハ

ケ以下の語が生じたのである。日本語では「鋸《のこぎり》」を古くはノホキリ、「含む」をフフムといい、「岐神《ふなと》」をクナトの神と称したり、「噛《か》む」と「食む」とが相通じているように、k音とh音が交替する例は珍しくない。一方、カケとカキ、ハケとハキの第二音節に見られるような母音の交替も、日本語に一般的な音韻通則の一つである。

守谷市赤法花の小貝川べりには、ところどころに赤土の小さな崖がある。

右は言葉のうえでの話だが、守谷市赤法花の小貝川岸では実際に赤土の崖が見られる。すなわち、アカボッケとは「赤い崖」「赤土の急傾斜地」の意になる。ただし、べったりとした平地が広がる関東平野の一角だけに、その崖は山岳地帯のガケにくらべたら、そう呼ぶのも気が引けるほどささやかである。

これに対して、

●徳島県三好市の大歩危《おおぼけ》と小歩危

は、四国最大の吉野川に面した壮大なスケールの崖であり、「歩くのが危ない」の漢字は、ここの地形の特徴をよく表している。しかし、これはあくまで宛て字で、もとの日本語のボケ（清音だとホケ）は、赤法花のボッケと全く同じ意味の言葉である。「赤法花」も宛て字であることは、いうまでもない。

栃木県壬生町中泉の赤仏は、旧中泉村の村社・磐裂根《いわさくね》裂《さく》神社の西二〇〇―三〇〇メートルばかりの地名である。このあたりには何ヵ所かに高さ四―五メートル前後の赤土の段差が長さ数十メートルにわたって延びており、これが名の由来だと思われる。

茨城県筑西市の赤法花には、そのような場所が見当たらない。ここは、どうも近くの村からの入植によって新しく開かれた集落らしく、そのもとの居住地にアカボッケという地名があったのではないか。住民が別の土地へ移住する際、旧地の地名がそれにともなって移動することは、ときに起こり得る。江戸時代の新田村などには、ことにその例が少なくなかった。

福島県檜枝岐村の赤法華沢は、阿賀野川水系・実《み》川の支流になるが、深い山中に位置するだけに、一帯には急傾斜地が多い。その中に「赤い崖」と呼んでおかしくないところがあったはずである。ただ、わたしが複数の地元住民に訊いたかぎりでは、

「あそこのことではないか」

と指摘できる人には出会えなかった。

なお、同じ福島県南部に、

●河沼郡柳津町大柳字白ハッケ

という地名が存在する。「白っぽい急傾斜地」の意に相違ないと思うが、わたしはまだ行ったことがない。

一一　守谷市板戸井《いたどい》

1　鬼怒川と小貝川の分離

鬼怒川は全長が一七七キロくらい、利根川の支流の中で最長である。栃木県日光市川俣の、群馬県境に近い高層湿原「鬼怒沼」に源を発し、おおむね南流をつづけたあと茨城県守谷市、千葉県柏市、同県野田市の境界付近で利根川に合している。この川は、江戸時代の初めまで利根川の支流ではなく、小貝川を合わせて銚子方面へ下っていく本流河川であった。

鬼怒、小貝両川の合流点は、いまの茨城県つくばみらい市寺畑のあたりであり、ここからはほぼ東へ向かって流れ、現在の利根、鬼怒合流点より三〇キロばかりも下流の同県稲敷郡河内町龍ヶ崎町歩《ちょうぶ》で常陸川（のちに利根川の一部になる）と落ち合っていた。

鬼怒川と小貝川が分離されたのは一七世紀前半の河川改修工事の結果で、その完成は寛永六年（一六二九）のこととされている。ただし、同十一年とした資料もある。

この工事の山場は、現守谷市板戸井一帯の三―四キロの開削にあったと思われる。その区間は台地になっており、鬼怒川の膨大な水を流すには一〇メートルか、それ以上も掘りくぼめなければならなかったからである。

鬼怒川の流路変更は、いわゆる利根川の東遷工事と連動していた。利根川は元来は、ずっと西を流れて東京湾へ注いでいたが、江戸の町を水害から守ったり、銚子から関宿経由で今日の江戸川を通って江戸に至る川船の航路を開いたりするため、河道を東側へ付け替えることにしたのである。

そうなると、ある程度以上の水量がなければならない。その水を鬼怒川に求めたのが右の開削であった。合わせて、鬼怒、小貝両川の旧合流点より下流の水害防止もはかっていた。

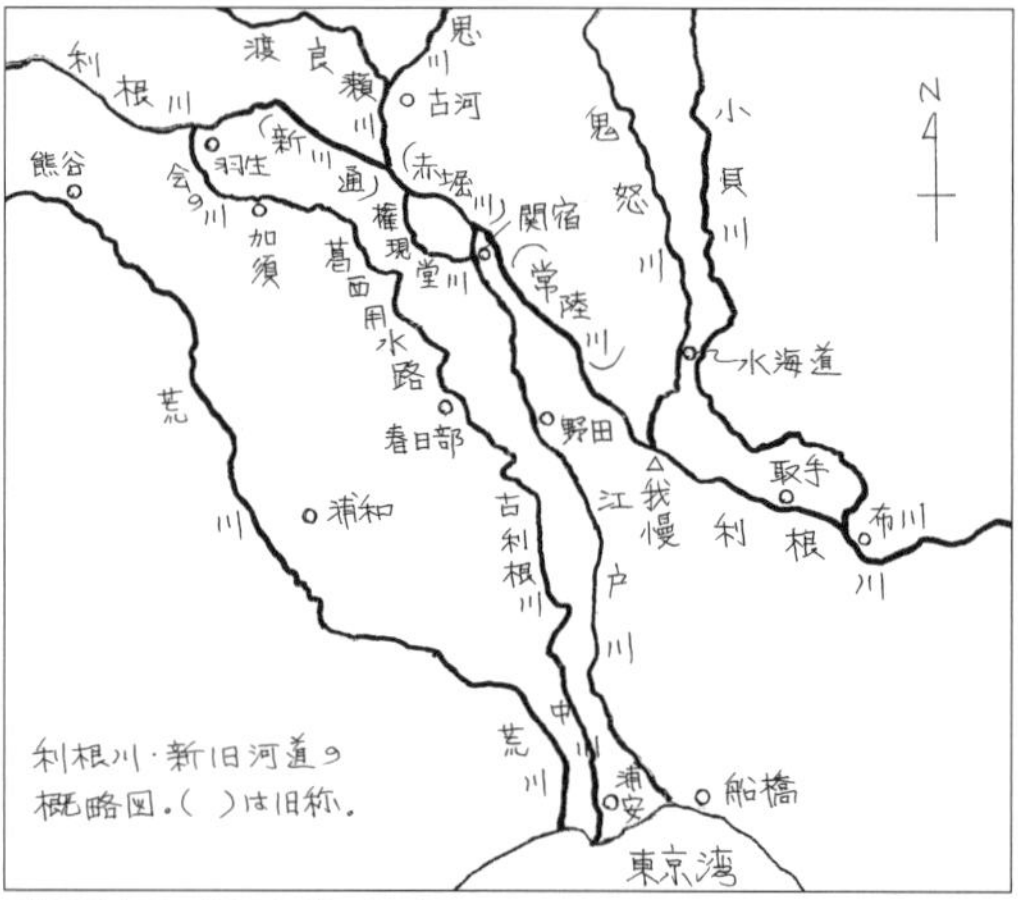

利根川水系の新旧河道の概略図

鬼怒川の水は、山間地から急勾配で流れ出てくるので清冽である。利根町布川あたりの暮らしに余裕のある住民は、お茶を飲むための水を、わざわざ鬼怒川の落ち口まで汲みに行っていたらしい。柳田國男の『故郷七十年』には次のようなくだりが見える。

「布川では、親の日とか先祖の日には、このきれいな鬼怒川の水をくみに行った。布川は古い町なので、一軒々々小さな舟を持っていて、普段は使わないで岸に繋いでおくが、こういうものの日には小舟で行ってくんできて、その水でお茶をのむことにしていた。（中略）布川のこの小舟は、向う岸に渡るためのでもなく、上の村と下の村とをつなぐものでもなかったらしく、ただ『お茶のお舟』として、澄んだ

川水をくむだけであった」（五五―五六ページ）

小舟は、おそらく洪水の際の避難用であったろうが、ふだんはもっぱらお茶舟として使っていたということではないか。布川から鬼怒川の落ち口までは二〇キロほどある。

鬼怒川からの流入水は川面を波立たせるほどであったらしく、そのため落ち口のあたりには「我慢《がまん》」の名が付いていた。『利根川図志』には、

「流頗《すこぶ》る急なるを、舟子共《ども》声を掛け、今少《すこし》の間ぞ我慢々々と言ひしより、遂に名と為りしなり」

と書かれている。

また『故郷七十年』には、

「奥日光から来るその水は、利根川に合流しても濁らなかった。舟から見ても、ここは鬼怒川の落ち水だという部分が、実にくっきりと分れていてよく判る」（五五ページ）

とある。柳田は明治二十年代に、少なくとも二度ここを船で通ったことがあった。

2　最後の柴小屋

守谷市板戸井の鬼怒川には、いま滝下橋がかかっている。この橋は県道58号の一部になっており、交通量は少なくない。しかし、昭和二十九年（一九五四）にできた橋は幅が狭く大型車はすれ違えないため、しばしば運転手の判断で交互通行をしなければならないことになる。

滝下橋の西詰めから北西へ一キロばかりの県道に面して、ちょっと変わった造りの小屋が建っている。広さは一〇畳前後、壁はすべて木製の柱と板で、しかもすき間だらけである。屋根は錆

守谷市板戸井の県道沿いに残る柴小屋

びたトタン製だが、もとは茅葺《かやぶ》きだったに違いない。カヤが傷んだため、その上にトタンをかぶせたのではないか。

「あれは何だろう」

と、わたしが思いはじめたのは、もう一〇年以上も前のことであった。だが、わざわざ車を停めて近くの人に訊いてみるほど、気になる疑問でもなかった。

それが本書の取材で利根川流域を歩くことが多くなると、ますます目にする機会が増え、とうとう令和元年の夏の初め、真うしろの家の前にいた八〇歳くらいの男性に声をかけたのだった。

「あれは、うちの小屋ですよ。一年分の柴や木の枝を貯めておく柴小屋ですがね、昔はどこの家にもあったもんです。あそこに貯めた柴で煮たきもしたし、風呂も沸かしていました。壁がすき間だらけなのは、湿気がこもらないようにしてあるんです。近ごろじゃ、もうどの家も壊してしまいましたからね、いま、こんなものを残してるのは、うちだけじゃありませんかね。兄弟からは、みっともないので早く片づけてしまえって言われるんですが、暇がないもんだから、ついついそのままにしてあるんですよ」

何十年か前まで、少なくともこの地方には、似たような小屋が至るところに建っていたのであろう。

男性宅の門は、農家にしては不自然に大きく立派であった。昔の武家屋敷の長屋門に似ていた。

「これはね、タバコの葉の発酵用ですよ」

ということだった。かつてタバコを栽培していたころ、武家の使用人たちの住まいに当たるような部屋に、葉を積んで発酵させてから出荷していたらしい。

男性の話を聞いたあと、わたしは近辺の家の造りを注意して眺めるようになった。柴小屋は、ほかには一つも見ていないが、タバコ用の大きな構えの門は、まだあちこちにかなり残っている。

一二　利根運河——千葉県柏市・流山市・野田市

地図で千葉県全体を眺めると、左上の一角が細く長く角《つの》のように北西方向へ突き出している。その右側は利根川をはさんで茨城県であり、左側は江戸川をへだてて埼玉県になる。突先近くが関宿である。

江戸時代の初め、利根川の東遷工事によって、この右側の線沿いに利根川が関宿から銚子まで流れ下るようになって以来、銚子—関宿—江戸の河川交通が始まった。その距離は瀬替え（流路の変更）などで時代により異なるが、おおよそのところ四五里（約一八〇キロ）ほどであったろう。

角の途中で利根川と江戸川をつなぐ運河を掘って距離を短縮する計画が持ち上がったのは、明治時代になってからであった。「A」の字の横棒に当たるところを掘りくぼめようというのである。

工事は明治二十一年（一八八八）七月に始まり、同二十三年二月に完成した。建設主体は地元の有力者らで作った利根運河株式会社で、およそ五七万円の費用と延べ二二〇万人の労働力が投じられた。工事を監督したのは、オランダ人技師のローウェンホルスト・ムルデルであった。

運河の利根川の起点は、ちょうど「我慢」（鬼怒川と利根川の合流点）の付近、現柏市船戸で、ここから八・五キロばかり先の現流山市深井新田で江戸川に合していた。

柳田國男は明治二十三年の、おそらく一月に、このルートで利根町布川から上京している。柳田は現兵庫県加西市北条町の高等小学校を卒業して布川へ来て以後、学校へは通っていなかった。しかし、兄の松岡鼎や井上通泰のはからいで東京の上級学校へ進学することになったのである。その旅は次のようなものだった。

「利根川も江戸川も、両方とも外輪船がその運河の近くまで来て停ってしまう。お客は土手の上を一里あまり歩いて連絡し、向う側に待っている川蒸気にのるというわけであった」（『故郷七十年』四八ページ）

利根運河は通水の直前で、まだ船は運航していなかったらしい。なお、「一里あまり」は柳田の記憶違いであり、土手の道は二里（およそ八キロ）ちょっとあった。

完成後の運河は、銚子―東京間の所要時間を六時間くらい短縮して一八時間にした。その結果、通水翌年の明治二十四年には年間に三万七六〇〇の船が運河を利用したと記録されている。

利根運河の繁栄は長くはつづかなかった。鉄道の時代に入っていたのである。明治二十九年（一八九六）に、のちの常磐線、翌年には、のちの総武本線が開通する。それでも明治期いっぱいは、まだ目立ってさびれることはなかった。だが、大正以降はじり貧となり、昭和十二年（一九三七）の年間通船数は、わずか六五〇〇ほどに減っていた。同十六年七月、台風8号による洪水で運河の堤防が破壊されたのを機に、運河は実質的に本来の役目を終えたといってよかった。

「運河水辺公園」あたりの利根運河の眺め。左上車道の奥に見えるのは東武鉄道野田線の鉄橋

　利根運河は今日も、ほぼそのままの形で残っている。ただ、水量は著しく減少して外輪船などはもちろん、小型の艪《ろ》舟でも満足に通れまい。

　一三〇年ばかり前、柳田國男が歩いた土手道も、とくに利根川寄りの半分ほどは当時とたいして変わっていないのではないか。いわば放置されたような状態で、散歩をする人もそう多くないようである。

これに対して江戸川に近い方は「運河水辺公園」として整備され、桜の名所になっている。春にかぎらず、いつも人の姿が絶えることがない。公園の一隅にはムルデルの顕彰碑も建てられている。

一三　野田市三《み》ツ堀《ぼり》

1　どろんこ祭り

「我慢《がまん》」の二キロばかり上流、利根川の右岸（西岸）に野田市三ツ堀という集落がある（左ページ地図の中央左寄り）。『利根川図志』では、「水堀村」と書かれている。利根川下流沿いでは、かつてはミズ（水）をミツと発音していたらしい。

- 茨城県水海道《みつかいどう》市（現常総市）
- 同県結城市水海道《みつかいどう》
- 同県つくばみらい市福岡字水門《みつもん》

なども、その例だと思われる。

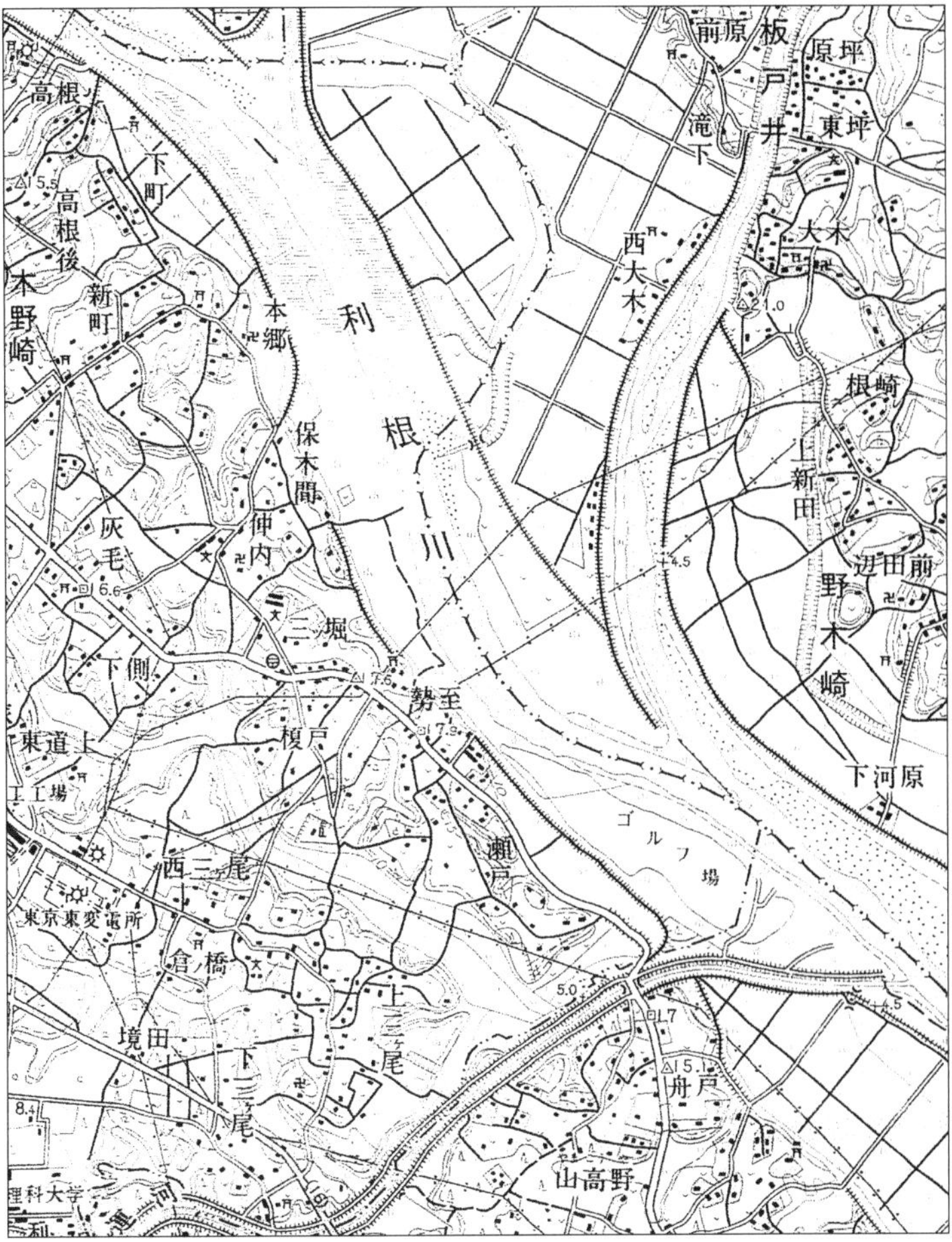

野田市三ツ堀付近の地形図。ゴルフ場の前あたりが「我慢」、下方には利根運河が見える。中央「勢至」の左上の⛩が次項の「福田村事件」に関わる香取神社である（5万分の1「野田」より）。

図志には、水堀村で行われていた「どろんこ祭り」のことが、かなり詳しく記されている。そこには、

「往年《むかし》三月初午《はつうま》の日、利根川洪水にて大なる木の方《けた》にして中に穴あきたるが流来《きた》りしを、朝草刈る者共これを上げんと為《なし》しかど、重さ臼の如くにして揚らず。乃《すなわ》ち縄にて柳に繋ぎ置き、村人を集め各飽食せしめ同音に、オ、ハラクチイナ、エンサラハウと、囃《はや》しながらこれを引揚げて、産神《うぶすな》に祭れり」

とある。「初午の日」は最初の午の日、「ケタ」とは四角形のこと、「オ、ハラクチイナ」は腹がいっぱいになったの意、「エンサラハウ」は囃子《はやし》言葉である。

右の木は村の氏神、香取神社の神輿に造りなおされ、毎年三月の初午の日に氏子たちがかつぐことになっていた。ただし、かつぐのは新婚の聟《むこ》にかぎられていたという。

村の利根川べりに「十間《けん》（一間は約一・八メートル）四面の池」があった。祭りの前日、池の水をかき出しておいて、当日、その中へ神輿をかき入れる。新夫以外の者は、

「オ、ハラクチイナ、エンサラハウ、イ、ツモカウナラ、ヨオカンベエ（いつもこうなら、よいなあ）」

と唱和しながら、かきあげておいた泥土をめったやたらに神輿とかき手に向かって投げつける。はい上がろうにも、池の斜面はすべるし泥を浴びるしで、男たちは困りはてる。最後に、新妻が村人に詫びを入れて、やっと池から出ることができる。そのあと、かき手は利根川で神輿と体を洗って神社に帰ってくるのである。

その祭りを地元では「どろ祭」と呼んでいた。これが各地で現在も行われている、どろんこ祭りの一つであることはいうまでもない。どろんこ祭りは、だいたいにおいて豊作祈願であろうが、三ツ堀では囃子言葉の趣旨からも、それがはっきりしている。

三ツ堀のどろ祭は平成元年（一九八九）まで、毎年、旧暦三月の初午の日に近い四月の第一日曜に行っていた。しかし、村の過疎化にともなう氏子の減少で中断されたまま、今日に至っている。

なお、神輿をかき入れていた池は、いまもあるにはある。だが、もはや祭場ではなくなったためか、木や草におおわれて、それらしい雰囲気はすでにない。

2　福田村事件

大正十二年（一九二三）九月一日の関東大震災の発生から五日後の六日、千葉県東葛飾郡福田村三ツ堀すなわちかつての水堀村で、民族差別にもとづく凄惨な事件が発生している。薬の行商人の一行一五人が朝鮮人と誤認され、うち九人が自警団によって惨殺されたのである。一般に「福田村事件」と呼ばれる。

被害者たちは現香川県三豊《みとよ》郡豊中町の被差別部落（以下、部落と略すこともある）の住民であり、男女の大人と子供が集団で薬や文房具の小売りをつづけながら、当時、関東地方へ来ていた。そうして、野田町（現野田市）の木賃宿「いばらきや」を拠点に町内をまわっていたとき、死者一〇万を超すとされる関東大震災に遭ったのだった。

ただ、野田のあたりの被害は東京や横浜にくらべればだいぶん軽微で、一行の中にけがをした者はいなかった。彼らは野田をひとまわりしおわって、隣の茨城県へ「転地」しようとしていた。転地とは次の土地へ行商の場を移すことである。彼らは、いばらきやの主人が、

「余震もあるし、朝鮮人が騒いでいるという噂で過ちが起きやすい。もう少し、ここにいてはどうか。宿賃の支払いは延びてもかまいませんよ」

と止めるのを振り切り、九月六日の朝早く出発する。

一五人を率いていたのは、二九歳の谷岡亀助（姓のみ仮名）であった。亀助の妻と二人の子供以外は従業員であり、給料をもらって働く身だった。亀助にしてみれば、商品の売れ行きにかかわりなく、給金を払わなければならない。そのあせりが、出立を急がせたようである。一行は、宿の主人から大八車を借り、それにいっさいの荷物を載せて宿を出た。

千葉県から茨城県へ移動するには、利根川を渡るしかない。行商の集団は野田郊外の三ツ堀の渡し場に着いた。そこは、どろ祭池のすぐ先にあった。亀助は船頭に向かって、

「大八車に荷物を積んだまま舟に乗せてほしい」

と頼んだ。手間と時間を節約したかったのであろう。これに対し、船頭は、

「荷物は車から降ろしてくれ。舟に乗るのも二回に分けてもらいたい。最初は車と、それを曳く二人だけで、あとの一三人は次の舟にしてもらう」

と答えて譲らなかった。

しばらく押し問答がつづいた。そのうち船頭は、亀助があくまでその言い分にこだわって自分

の指示を聞かないことに腹を立てたのか、

「お前たちの言葉は、どうもおかしい。朝鮮人ではないのか」

と言いだしたのだった。

一五人は香川県の人間である。当然、話し方に香川訛りがあった。言い争いになれば、とくにそれが出やすい。船頭が相手を本当に朝鮮人と疑ったのかどうか、わからない。あるいは激しい言葉のやり取りのあいだに、反感がつのって少し痛めつけてやろうと考えただけかもしれない。

とにかく、船頭は二丁(およそ二〇〇メートル)ばかり離れた真言宗豊山《ぶざん》派円福寺まで駆けていって、そこの梵鐘を連打したのである。

鐘が鳴りはじめてすぐ、大勢の地元住民が集まってきた。かろうじて生き残った六人のうちの一人で、そのころ一三歳だった大前春義はのちに、

「ウンカのように集結してきました」

と語っている。見るみる多人数が押し寄せたということであろう。

何人くらいであったのかはっきりしないが、二〇〇人前後と考えて大過ないらしい。これには南隣の東葛飾郡田中村(現在の柏市北端のあたり)の者が、かなりまじっていた。両村のあいだには利根運河が通じている。そこから現場まで、直線でも二キロほどある。何かあれば、ただちに駆けつける準備をしていたのではないか。あるいは、一五人についての情報がすでに届いており、いつでも三ツ堀の渡しへ急行する態勢がとられていたのかもしれない。いずれであれ、ほぼ全員が竹槍、鳶口《とびぐち》、日本刀などを手にしていた。

そのころ一五人は、二手に分かれて身を寄せ合っていた。六人が円福寺に隣接する香取神社の鳥居の周辺に、あとの九人は、そこから数十メートル手前の茶店の床几《しょうぎ》に腰を下ろしていたのだった。殺されたのは茶店の九人であった。その中には谷岡亀助の一家四人が含まれている。自警団のおおかたは、こちらの方を取囲んで質問を浴びせていたのだと思われる。それに答えていたのは、もっぱら亀助であったろう。

質問者たちの中には、福田村の駐在所巡査も加わっていた。駐在所は神社の北西一キロたらずのところにあり、巡査は騒ぎの初めから現場に顔を出していたようである。

亀助は当然、持っていた行商人鑑札を見せたはずである。自分たちがどこの人間で、どこからどこへ何のために旅をつづけているのかも説明したに違いない。そのいずれもが、一行が日本人であることを示していた。だから村の駐在は、

「本官は彼らを日本人だと認める」

と言った。福田村青年団の団長も、

「全員、日本人だろう」

と同じ意見であった。青年団は、自警団の有力な構成団体の一つである。つまり、自警団の幹部にも亀助の言い分に納得した者がいたことになる。ところが、これで話はおさまらなかった。

「本当に日本人かどうか本署の判断を求めるべきだ」

と言い張る者がいて、あとへ引こうとしない。それで巡査は、やむなく野田警察署へ向かったのだった。現場を去るに当たって、

「署の上役は連れてくる。それまでは、だれも手を出すことはならんぞ」

と言い残している。この巡査が自警団の暴走を危惧し、それをなんとか防ごうとしていたことは間違いあるまい。野田署は野田町の市街にあったから二里（およそ八キロ）ほど離れている。惨劇は、警察がその間を往復するあいだに起きた。

前記の大前春義によると、茶店にいた藤沢隆一（一八歳）が、近くの家にタバコの火を借りにいこうとして床几から立ったことが引き金になったという。

「おい、逃げるぞ」

「逃がすな、やってしまえ」

の叫び声とともに、まず座ったままの西山実（二四歳）の頭に鳶口が振り下ろされた。鳶口は竹竿の先に、トビのくちばしのような鋭い鉄製の鉤を竿とは直角に付けた道具で、丸太に打ち込んで引っ張ったりするときに使う。西山は、それを頭に叩き込まれ、血しぶきを上げながら昏倒してしまった。あとは、もう修羅場であった。

西山への襲撃を目にした藤沢は、そばの藪に逃げ入ったが、たちまち追いつかれ、竹槍で突かれたり、鳶口で引っかかれたりした。谷生政市（二九歳）は日本刀で片腕を切り落とされながらも利根川へ逃れ、川の中ほどまで泳いでいったが、命が助かることはなかった。そんな中で、一行を代表して応答に当たっていた亀助が無事でいられるはずはなかった。十数人の竹槍や鳶口が亀助に襲いかかり、彼は血だらけで絶命した。大前は、

「一人に対して一五人も二〇人もかかっていきました。そのため持っていた凶器がぶつかり合っ

てカチン、カチンと音を立てていました」

と述べている。

茶店にいた九人のうち四人の成人男性を始末したあとは、女性と子供であった。女性は亀助と政市の妻であり、残る三人は二人の幼児たちである。年齢は亀助の子が六歳と四歳、政市の子が二歳であった。自警団の狂気は女、子供にも容赦なく襲いかかり、みな竹槍、鳶口でめった突きにされたうえ、遺体は利根川に投げ込まれた。惨殺されたのは九人だったが、政市の妻イソ（二三歳）は妊娠中であったから、その胎児を含めると死者は一〇人になる。

茶店のあたりで惨劇が始まるとともに、そこから数十メートル離れた香取神社の鳥居のわきにいた六人は、太い針金で首と両手を縛られる。茶店では三人の幼児や妊婦まで血にまみれて殺されたのに、鳥居の近くの六人が、なぜ縛られただけだったのか、いまとなっては謎というほかない。しかし、もし駐在が呼びにいった野田署の上司の到着がもう少し遅ければ、彼らも九人と同じ目に遭っていたろう。

本署から駆けつけてきたのは、大前春義によると「部長さん」であった。これは巡査部長を指すと思われるが、名前も所属の部署も明らかでない。部長は双方から話を聞いたあと、自警団員に向かって、

「皆さんは、もう九人を処置しているわけです。残りの六人は針金をほどいて」

と言ったという。彼には駐在の説明によって、一行が日本人であることはわかっていたのではないか。つまり、九人もの人間を誤って殺害したことに、あらかじめ気づいていた可能性が高い。

かつての「三ツ堀の渡し」近くの利根川。対岸は茨城県。103ページ地図も参照

このうえ被害者の数を増やすことなど、とても認められることではなかった。

自警団にしたところで、そのころには大部分が行商人たちを朝鮮人ではないと思っていたかもしれない。それに酸鼻をきわめた殺戮に、自らも目をそむける思いがしていたはずである。彼らもふだんは、ただの善良、愚直な村落生活者ばかりであった。狂気の嵐が過ぎて、やや平静にもどってみると、なお警察の制止を振り切ろうとする者は、ほとんどいなくなっていたようである。警察は六人を保護して野田署へ連れていった。

福田村事件については長いあいだ、広く世間に知られることはなかった。

それには当初、関東大震災時における朝鮮人襲撃関連の報道を政府が禁じたことも多少は影響しているだろう。だが、それは決定的な理由ではなかった。この事件では、犯行を主導した

三ツ堀の氏神の香取神社。どろ祭の神輿を納めておく場所であり、「福田村事件」の現場となったところである。

と判断された福田村の四人、田中村の四人の計八人が、騒擾《そうじょう》殺人罪で起訴されて公開の裁判にかけられている。第一審が始まった大正十二年十一月二十八日には、すでに報道管制は解かれていた。翌年八月二十九日の大審院判決の際には、

「自警団騒ぎでは最も重い懲役十年」

といった記事が新聞に載っている。事件の隠蔽などはなかったのである。それなのに、これほどの凄惨な殺戮が、なぜ大きな社会問題にならなかったのだろうか。

まず考えられるのは当時、数千人規模にのぼったとされる朝鮮人殺害がある。それは政府が実質的に容認していた大量殺人であった。もし、日本人九人の誤認殺人を問題にすれば、朝鮮人のそれも放置できないことになる。政府は「朝鮮人狩り」ともども、福田村事件を忘れ去りたかったに違いない。

それはまた、新聞の姿勢でもあった。新聞は、震災時の朝鮮人や中国人（数百人が犠牲になったとされる）の虐殺には、たいした関心は示していない。福田村での惨劇にも、黙殺に近い態度をとったのだった。数千人の死に目をつぶって、九人の犠牲を声高に叫ぶわけにもいかなかったろう。さらに、政府や新聞にかぎらず、いきさつを知った多くの人びとも、

「福田村や田中村の自警団は勘違いをしただけである。それを厳しく追及するのは気の毒だ」

という気持ちを抱いていたのではないか。

ともあれ、福田村事件が、どんな詳細な年表類にも載ることがない時代が半世紀以上にわたってつづいた。それが表面化するきっかけになったのは、昭和五十四年（一九七九）九月一日すなわち震災記念日の『朝日新聞』の報道であった。五十数年前の朝鮮人虐殺を伝える記事を読んだ犠牲者の遺族の一部から、

「日本人も殺されている」

との声が出て、それが部落解放同盟香川県連合会のメンバーの耳に入ったのである。既述のように、被害者は同県の部落の人びとであった。

福田村事件に改めて光が当たったのは、香川県連の調査の結果だったといってよい。このため、事件は部落差別と関連づけて語られることが少なくない。しかし、その本質は、あくまで朝鮮人弾圧にある。

3　「こうのとりの里」

コウノトリは、羽の一部やくちばし、足などのほかは、ほぼ全身が白い羽毛におおわれ、翼を広げると二メートルにもなる大型の鳥である。

かつては日本のあちこちで、ごく普通に見られたが、乱獲と生息環境の悪化によって、昭和四十六年（一九七一）をかぎりに日本産の野生種は絶滅した。現在、日本の空を飛んでいるコウノトリは、中国やロシアから譲り受けた個体を人工増殖させて放鳥したもの、およびその子孫である。

コウノトリの保護、繁殖に最も早くから取組んできたのは兵庫県豊岡市であった。これは、最後の個体群が残っていたのが同市周辺だったという事情が大きいと思われる。その活動は絶滅前の昭和四十年に始まったが、人工増殖は失敗の連続で、やっと成功したのは平成元年（一九八九）になってからである。そうして、同十七年には野生への最初の復帰が試みられた。

豊岡市に次いで、福井県越前市と千葉県野田市もコウノトリの飼育活動に乗り出した。両市は平成二十七年（二〇一五）、それぞれの施設で飼育した個体を野生に返したのを皮切りに、毎年、放鳥をつづけている。令和二年には、豊岡市の「コウノトリの郷《さと》公園」、越前市の「コウノトリPR館」、野田市の「こうのとりの里」の三ヵ所から巣立った個体と、それらが野外で繁殖した個体合わせて二〇〇羽ほどが日本の空を舞っているという。

コウノトリは江戸時代ごろまでは神聖視されており、背に腹はかえられない場合を除いては食糧などとして捕獲することは少なかったようである。「鴻《こう》ノ巣《す》」の地名は、そのような信仰心を背景にして付けられたらしい。この地名は各地に珍しくないが、その例を野田市近隣にかぎって挙げてみる。

- 千葉県柏市十余二《とよふた》字鴻ノ巣（正式の住居表示からは消えたが、「鴻の巣ふるさと会館」、「鴻ノ巣公園」などに名をとどめている）
- 同県流山市こうのす台（一九七〇年、鴻ノ巣に代えてつくった住居表示）
- 同県野田市木間ケ瀬《きまがせ》字鴻巣《こうのす》
- 茨城県古河《こが》市鴻巣《こうのす》

さらに、

- 茨城県常総市鴻野山《こうのやま》

も同趣旨の地名である可能性が高い。

コウノトリが巣をつくったからといって、すぐ右の地名が付いたわけではあるまい。鳥にしてみれば、そこが繁殖に適し、かつ安全だとわかって初めて、毎年のように卵を産みオスとメスが協力してヒナを育てる気になったはずである。それには、まわりの住民たちのそれとない、あるいは明白な応援があったと考えられる。そういうことが何年

野田市三ツ堀の「こうのとりの里」で飼育されているコウノトリ（2020年9月撮影）

または何十年もつづくうち、そのあたりをだれ言うともなく「鴻ノ巣」と呼びはじめ、やがて地名として承認されたに違いない。

●現豊岡市出石《いずし》町細見字桜尾の通称「鶴山」

は明治時代になってから、コウノトリの営巣地に付いた名である。コウノトリは、しばしばタンチョウヅルと混同されており、ここの場合もそれであった。明治、大正のころには名所として知られ、見物人のための茶屋までできていた。いまは「鶴見茶屋展望台」というのが設けられている。

●埼玉県鴻巣《こうのす》市

も右の「鴻ノ巣」地名の一つであることは、まず間違いない。

ここについては、武蔵国の国府が置かれていた時期があり、そこが荒川の洲であったために「国府《こう》の洲《す》」の名が付き、のち文字を「鴻巣」に改めたとする説が、まことしやかに語られることがある。

しかし、武蔵国の国府は現東京都府中市にあって、たとえ短期間であろうと鴻巣に国府が移されていた事実は全く知られていない。また、ほかにいくらでも適地があったはずなのに、わざわざ氾濫の恐れが強い川の洲に国衙《こくが》を建設しなければならない理由を挙げることも難しいのではないか。

「鴻ノ巣」のような地名が少なくないのは、ある時代までの日本人が、この鳥を特別な存在だと考えていたことによっていると思われる。ところが、明治以後になってコウノトリへの信仰心が薄れるにしたがい、乱獲が始まる。五キロにもなる大きな体で田んぼの苗を踏みつけると言って、農業への害鳥とみなす人びとが現れ、また食糧にするためや、ときに狩猟の楽しみからコウノトリへの遠慮ない攻撃を始めたらしい。

ただし、この鳥を絶滅に追い込んだ、もっと大きな原因は環境の悪化だったようである。コウノトリは魚類やカエルなどの両生類、カニ、エビなどの甲殻類を餌にする動物食だが、河川のコンクリート化や農薬汚染による餌の減少、すみかとなる樹木の伐採といった要因がからみ合って、どんどん個体数が減っていったとされている。

一四　常総市菅生《すごお》町

1　銀色のイザナギ・イザナミ像

既述の茨城県守谷市板戸井の県道58号沿いに残る「柴小屋」から北西へ一キロばかり、同県常総市菅生町の、やはり同じ県道のわきに奇妙な銀色の人物像が立っている。像はほぼ等身大で男女の二体、石の台座の上に並んでおり、夫婦か恋人のように見える。これも柴小屋同様、一度気になりだしたら、いったい何なのか確かめずにはいられなくなったのだった。

男性は髪が肩に届くほど長く、やせた体に貫頭衣《かんとうい》のような服をまとい、その腰のあたりを紐で無造作に縛っている。女性の衣装も似ているが、裾《すそ》がずっと長い。全体に西洋風の印象で、わたしは何となくキリスト教と関連しているのではないかと思っていた。

ところが、そばに行って説明板を読んで、びっくりしてしまった。『古事記』『日本書紀』に出てくる国産みの神イザナギ・イザナミの両神だというのである。この二神を表現した絵画、彫刻は珍しくないが、こんな洋風とも現代風ともいえる像は、ほかにはまずないのではないか。

だれが、いつ建てたのか、どこにも記されていない。ただ、ここには道祖神《どうそじん》を祀った小さな石の祠があり、裏に「元禄六年」(一六九三)とある。そうして、説明板には、

「道祖神はイザナギ・イザナミを祭神とする」

旨が述べられている。道祖神とイザナギ・イザナミに、そのような関係があることは、あまり聞かない気がするが、とにかく像建立の趣旨は推測できる。

像は金属製であろう。材質はよくわからないものの、アルミが含まれているのではないか。台座とともに、その製作費は少なくとも数百万円にのぼったと思われる。わたしは、だれが造ったのか知りたくなった。

常総市菅生町の県道わきに立つイザナギ・イザナミ像

このあたりの集落は樽井《たるい》という。住民なら、だれでも建立者を知っていると思ったが、そうでもなかった。いろいろたずね歩いているうち、S姓の女性に会えた。八〇歳すぎに見えた。女性は次のような話をしてくれた。

「あれを造ったのは、わたしの従兄《いとこ》です。明治末年の生まれで、いま生きていたとしたら百いくつかになります。あそこのすぐ裏に家がありましたが、東京へ出て商売を始め、そこそこに成功しました。そのお礼に、あれを建てたんですよ。たしか昭和五十年ごろのことでした。デザインをしたのは、どこかの美術大学の学生さんだったと思います」

昭和五十年(一九七五)といえば、四十数年も前になる。像も台座も、ほとんど汚れておらず、わたしはできてせいぜい一〇年くらいかと想像していた。

像のうしろに、まだそう大きくはない杉の木が二本立っている。横の石碑に、

「ながながと　齢重ねよ　お神木さん　神に仕いて　世の人のため」

の和歌が刻まれ、裏面には、

「米寿記念　昭和五十四年九月吉日　七之丞」

とある。右の「神木」の字は、「みき」と読むのではないか。

七之丞《しちのじょう》は、女性の従兄の父親だといい、碑面によれば明治二十四年(一八九一)の生まれになる。その人が、像の建立から数年たった昭和五十四年、数えの八八歳になった記念に杉を植えたらしい。

像の方は、いささか場違いな感じがしないでもないが、二人が敬神の情の厚い親子だったこと

は間違いあるまい。

2 菅生沼（保地《ぼち》沼）

鬼怒川が利根川に落ち合う「我慢」の四キロほど上流で、飯沼川という鬼怒川よりずっと小さな支流が利根川に合している。

飯沼川には、河口近くに長さ四キロばかりの南北に細長い沼がある。菅生沼という。「菅生」（すごう、すごお）の地名は、各地にとても多い。意味ははっきりしていて、「スゲ（菅）がたくさん生えているところ」のことである。スゲは、日本だけでも約二〇〇種が知られるスゲ属の植物の総称である。ただし、それが地名になっている場合、見た目がよく似たアシ（ヨシ）などのイネ科植物と混同されていることも少なくないらしい。

常総市菅生町の菅生沼も、いまなお名前のとおり「スゲ」の大群落地である。そうして、その「スゲ」も実際はアシかもしれない。

『利根川図志』では、ここのことを「保地沼」と書き、保地に「ぼち」と仮名を振ってある。当時、菅生沼をボチヌマと呼んでいたか、少なくとも、そのような別称があったことになる。なぜ、そんな名が付いていたのだろうか。

このボチは「ダイダラボッチ」の上略の可能性が高い。ダイダラボッチ、ダイタボッチ、デエラボッチ、ダイラボウなどは伝説の巨人である。おそらく「大太郎法師」の転訛で、地方によって少しずつ名が違っていた。

常総市菅生町の菅生沼

天に頭がつかえるほどの巨人は、古代には「大人《おおひと》」と呼ばれることが多かった。八世紀成立の『播磨国風土記』託賀《たか》郡（現在は多可郡と表記、兵庫県）の条では、「タカ」なる地名の由来を説明して次のように述べている。

「昔、大人《おおひと》ありて、常に勾《かがま》り行きき。（中略）『此の土《くに》は（天が）高ければ、申《の》びて行く。高きかも』といひき。故《かれ》、託賀《たか》の郡《こほり》といふ。其の蹈《ふ》みし迹処《あとどころ》は、数多《あまた》、沼と成れり」

オオヒトは、いつのころからかダイダラボッチとか、それに近い称に変わっていった。そうして、ところどころの細長い沼を「ダイダラボッチの足跡」とする伝説が生まれ、やがて地名となって残った例がある。

・茨城県東茨城郡城里町上入野字太田房《だいたぼう》
・埼玉県さいたま市南区と緑区にわたる太《だい》田《た》窪《くぼ》
・長野県伊那市美篶《みすず》字太田窪《だいたくぼ》

は、いずれもそれだと思われる。同趣旨の地名で最も有名なのは、

・東京都世田谷区代田《だいた》

であろう。

江戸時代、現在の世田谷区大原二丁目と杉並区和泉一丁目のあいだの玉川上水に代田橋と呼ぶ橋がかかっていた。これはダイダラボッチという巨人がかけたと言い伝えられており、そのダイダラから「代田」の名が付いたのである。地名はいまも残っているが、水路は暗渠化されたため橋はすでにない。ただし、京王線の代田橋駅に名前をとどめている。

・高知県土佐郡土佐町南川《みながわ》字大人《おおひと》ノ足跡

は、まさしく巨人伝説そのままの地名だといえる。

ダイダラボッチによる地名は下半分を略すことが普通のようだが、保地沼は逆に上半分をはしょった、やや珍しい例ではないか。

一五　花火の夜の「風俗壊乱」――常総市大塚戸町

本節では、まず初めに柳田國男の『故郷七十年』から、かなり長い文章を引用させていただく。

「関東は花火の流行時代であったが、布川から利根川を八、九里上ったところに、大塚戸という

村がある。じつに淋しい村であったが、どういうものか花火の大会だけは毎年愉快にやり、そのために人がうんと集まった。花火だけを見に行くのではなくて、途中で羽目を外して遊ぶために集まるのだった。

村によっては若い者はいやがって行かないで、齢とった爺さん婆さん連中が、村から町から一船仕立てて出掛けて行くのであった。

花火大会だから見ていてちっともさし支《つか》えはないはずである。しかし隣近所をよく見ると、近くで見る人、遠くで見る人、みんなねているのである。風俗壊乱おかまいなしである。そんなところへ、私はただ何となくみなが行くというのでついて行った。親も郷里から来たばかりで何も知らなかったもので、もしも知っていたらいけないといったに違いない。船の往き帰り、向うでの乱雑さなど、とんでもない印象をうけて帰って来た。

もうよく憶えていないが、林の真中に御堂がある。信心のあついものはすぐ堂の近くへ行っている。しかしその他の連中は、林の外側か、広い林の中かを、男女みな相携《あいたずさ》えて暗い所を歩いているのであった。そういう光景にびっくりして帰って来たことを憶えている。大塚戸の花火よりも異様な光景の方が印象に残った」(五一—五二ページ)

これは奥歯に物が挟まったような書きぶりで、大塚戸の花火の夜の「風俗壊乱」が、いったいどんなものであったのか、いまひとつ理解しにくい。柳田國男は「性を取上げることを避ける傾向があった」とよくいわれるが、この文章などもその一例に挙げることができるのではないか。

柳田が遠慮がちに語り残したその風俗には、明治という時代の日本人の暮らしや性に対する考

常総市大塚戸の一言主神社の綱火（2016年9月）

え方について、ある重要な観察点が含まれているように思われる。それで、右のくだりを、もう少しほぐしてみることにしたい。

その前に、まず大塚戸の花火のことである。この花火は、菅生沼の真ん中あたりの東岸に近い一言主《ひとことぬし》神社（現常総市大塚戸町八七五）の秋季例大祭に奉納される行事である。ただの打上げ花火ではなく、操り人形と仕掛け花火を組み合わせた珍しい出しもので、江戸時代からつづけられている。空中に張りめぐらされた綱の上で演じられるので「綱火《つなび》」と呼んでいる。現在は毎年九月の第二土曜日に行われる。

柳田は当時の一言主神社について「林の中に御堂がある」としか書いていないが、少なくとも現今の同社は広大な境内に堂々たる社殿を構えた大神社になっている。柳田のこの一節から受ける印象と現状との差は、一つには神社のその後の発展の結果であり、また一つには柳田が社殿や花火のことは、ほとんど記憶していないためであろう。

柳田が綱火の見物に出かけたのは、明治二十二年（一八八九）の、おそらく九月のことである。柳田は満一四歳、いまなら中学生の年齢であった。布川からは八里（一里は約四キロ）くらいになるのではないか。神社の近くまで船で行き、あとは歩いたと思われる。

「船の往き帰り、向うでの乱雑さ」とあるので、神社へ着く前から船中で酒が入り、すでに男女間の卑猥なやり取りが始まっていたらしい。男女は、だいたいは夫婦ではない。先の文章のあとに、

「お爺さんお婆さんは、ことに片親になってしまうと」

と、まわりくどい表現が見えるが、後家や男やもめ、離婚した者が多かったようである。そのころの年齢感覚では、四十代でも「お爺さん、お婆さん」であった。しかし、彼らだけで「人がうんと集まった」状態にはなるまい。当然、妻のいる男や、夫がいる女も含まれていたろう。要するに、ふだんいっしょにいる相手とは違う男女が、手に手を取って船旅をしたのである。

神社へ着いても、おおかたが花火はそっちのけであった。つまり、「男女みな相携えて暗い所を歩いている」か「近くで見る人、遠くで見る人、みんなねている」かになる。このあたりの表現が、どうもわかりにくい。だが、初めのうちは林の中をぶらついていて、やがて適当なところに並んで寝転ぶということではないか。

大人の男と女が暗い林に横になって何をしたというのだろうか。まさか空の星を眺めていたの

ではあるまい。考えられることは一つだけ、彼らは性行為に及んでいたのだと思われる。そうでなければ、柳田が「風俗壊乱おかまいなし」などと書くはずがない。

それは、たしかに「異様な光景」であった。何十組あるいは何百組もの男女が、ときどき花火のあかりがちらちらする暗闇の中で、からみ合っていたのである。柳田は、

「その状景は郷里の播州あたりでは見られない、下総あたりに残っている荒い生活の姿であった。長塚節《たかし》の『土』みたいな生活からにじみ出たものである」(五二ページ)

と記している。

『土』は、長塚節(一八七九―一九一五年)が、故郷の現常総市国生《こっしょう》の農民たちの貧しく厳しい暮らしを活写した長編小説である。『朝日新聞』に連載されたあと、明治四十五年(一九一二)に出版されている。

柳田は、ふだんは苦しく、楽しみのとぼしい日々を耐えしのんでいる利根川沿いの人びとが、年に一度、大塚戸の花火の夜、思いっきり性を開放するために一言主神社へ出かけるのだと言いたかったのではないか。

「大塚戸の花火を見にいかないか」は、性行為を前提にした誘いであったに違いない。うなずくことは、すなわち了解であり、それは当時、周辺一帯の住民には知れきった習俗であったろう。つまり、その日は周知の性の開放日だったといえる。ある時代まで、そのような奔放な場になっている祭りは、決して同神社にかぎったことではなかった。

それはもちろん、もう遠い日の昔語りになってしまっている。わたしは一言主神社の界隈で何

人かに声をかけてみたが、かつての「風俗壊乱」について耳にしたことがある人には出会えなかった。

一六 「法師戸」には何があったか――坂東市法師戸

菅生沼は南北四キロほどにわたる細長い沼だが、その南の端あたりの地名を法師戸という。現今の住居表示では茨城県坂東市法師戸になる。

グーグルやヤフーでは法師戸はホウシト、既述の守谷市板戸井はイタトイ、常総市大塚戸はオオツカトと「ト」が清音で表記されている。しかし、道路標識などでは「ド」となっており、現地の人もおおむね濁音で発音しているようである。

それはともかく、「法師戸」とは何だろうか。これに答えることは、そう難しくない。同趣旨の地名が各地に折りおりあって、それらを比較することにより合理的な解釈が下せるからである。

まず結論を述べておくと、「法師」はあくまで宛て字であり、元来は「榜示（ほうじ、ぼうじ）」とでも書ける語である。榜は「立札」のことで、榜示は、とくに境界を示す何らかの印を指す。もっとも多かったのは立ち木または人工の柱であったらしい。トまたはドは「場所、ところ」を表す古語だから、「戸」も宛て字になる。

要するに、ホウシト（ホウジド）は、二つの地域のあいだ、境界を意味している。坂東市の法師戸は下総国相馬郡と猿島《さしま》郡との境であった。いまは常総市と坂東市の境界を画するあたりに位置している。

・千葉県山武郡横芝光町傍示戸《ほうじど》
・栃木県芳賀郡芳賀町芳志戸《ほうしと》

坂東市法師戸のバス停の標識

も文字こそ違え、由来は全く同じである。

右の三ヵ所は、どんな標示物を用いていたのか地名そのものからうかがうことはできないが、

・京都府乙訓《おとくに》郡大山崎町大山崎字傍示木《ほうじのき》

は、それが木であったことを示している。

・静岡県島田市伊久美と同市川根町上河内とを結ぶ京《きょう》柱《ばしら》峠
・徳島県三好市東祖谷《いや》と高知県長岡郡大豊町とを結ぶ京柱《きょうばしら》峠

の京柱は「境柱」の意であろうが、境界の印が柱だったことを語っている。
峠は、第七節「峠の字を『ひょう』と読む理由」で述べたように、境界になりやすい。

●山口県岩国市錦町大野と島根県鹿足《かのあし》郡吉賀町を結ぶ傍示《ぼうじ》ヶ峠《とう》

●愛媛県喜多郡内子町と同県上浮穴《うけな》郡久万高原町とを結ぶほうじが峠《とう》

などは、その例になる。「トウ」は中国地方や四国地方における「トウゲ」の方言である。ただし、中国では「タワ」という場合の方が多い。タワは「たわんだところ」の意で、トウはその訛り、トウゲは「タワ越え」の下略だと思われる。

●大阪府交野《かたの》市傍示《ほうじ》

は、東隣の奈良県生駒市高山町との境の傍示峠（磐船峠とも）の名が麓の地名になったものである。それは奈良県側にも見られ、高山町には「傍示集会所」「奈良交通傍示停留所」（バス停）がある。

●群馬県館林市傍示《ほうし》塚《づか》町

の、かつての境界標識は一里塚のような、こんもりした塚であったと思われる。

一七　坂東市の矢作《やはぎ》と莚打《むしろうち》

法師戸から二・五キロばかり西で、芽吹大橋が利根川にかかっている。この橋の東詰めに近いあたりに、茨城県坂東市矢作の地名がある。同じ地名は、

・岩手県陸前高田市矢作《やはぎ》町
・山梨県市川三郷町上野字矢作《やはぎ》
・愛知県岡崎市矢作《やはぎ》町

など、各地に珍しくない。

矢作をヤハギと読む理由は、はっきりしている。矢を作ることを古い日本語で「矢をハグ（矧《は》ぐ）」といったからである。もう少し細かくいえば、矢柄の端に羽（だいたいは鳥の羽）を付けることがハグであった。ハグと聞くと、現代語では「剝《は》ぐ」、すなわち何かを取り去る意の動詞を思い浮かべるが、古語のハグは逆で「くっ付ける」「つなぎ合わせる」ことを指していた。おそらく、「靴を履く」「ズボンを穿く」のハクと同源であろう。

古代には矢作部《やはぎべ》と呼ばれる職業部（権力者に隷属する技術者集団）がいた。矢作りを生業とする職業集団である。その名は「矢作」となって、中近世にまで受け継がれる。彼らが集住する場所に付いた地名が矢作である。

戦乱の時代が過ぎると、多くは生業を変えて、そのうち昔の仕事のことはすっかり忘れてしまい、地名の由来についても確証はなくなる。しかし遅くまで、かつての職業をつづけていた例がないわけではない。

岩手県陸前高田市矢作町の嶋部地区では、二〇世紀末ごろまで端午の節句用の弓矢が作られていたし、山梨県市川三郷町の矢作を含む地域の、延享三年（一七四六）付け「村明細帳」には、ここに「矢師」一二人がいたことが記されている。現市川三郷町の矢師はもとは、信玄らを生ん

坂東市莚打の観音寺。右手の巨木はカヤである。

だ武田家の御用矢作師であった。

坂東市の矢作も、そのような職業者の居住による命名であったと思われる。ただ、ここの地名の起源は平安時代の末以前にさかのぼることが確実であり、かなり早い段階で矢作りは廃業していたらしく、右を裏づける確かな証拠は残っていない。

坂東市矢作の西隣、利根川に面して同市莚打がある。これも職能民の集住地に付いた地名の可能性が、きわめて高い。

莚《むしろ》(筵、蓆とも)は縄文時代から作られていた。種類は非常に多く、材料だけで分類してもマコモ、カバ、カヤ、クズ、スゲ、イ(畳表に使う藺草《いぐさ》)、稲、竹、藤など多様であった。

莚を作ることをウツ、ブツといった。木刀のような道具(オサと呼んだりする)で、トントンと目を詰める作業によっているのではないか。だから、莚打ちは莚を作ることを生業にする人びとを指すことになる。同種の地名は矢作にくらべるとずっと少ないが、次のような例がある。

- 京都府亀岡市保津《ほづ》町字筵打《むしろうち》
- 香川県三豊市豊中《みとよ》町岡本字莚打《むしろうち》
- 福岡県古賀市筵内《むしろうち》

古賀市の筵内は、一〇世紀成立の『倭名類聚抄《わみょうるいじゅしょう》』が記す筑前国宗像《むなかた》郡席内《むしろうち》郷の遺称地であり、同じ一〇世紀の『延喜式』には「席打」となっている。少なくとも一一〇〇年前にはできていた地名であることがわかる。

これに対し、坂東市莚打の資料上の初出は永禄十一年(一五六八)である。それでも決して新しい地名ではない。

一八 平将門の本拠――坂東市岩井

『利根川図志』は平将門について、かなりの紙数を費やしている。その「平将門旧址」は、単独の項としては同書中もっとも字数が多いようである。既述のように、それはおおかた高田与清《ともきよ》の『相馬日記』からの引用だが、この主題に赤松宗旦が強い関心を抱いていたことは間違いあるまい。

そこでは、現守谷市本町の守谷城が将門の居城、取手市岡の岡城が将門が最後に立てこもって

坂東市岩井島広山の「平将門石井営所跡」

朝廷軍に討たれた城とされていた。しかし、この両城とも将門の死（九四〇年）より数世紀のちの築城であった。

今日、将門が本拠としていたのは、現茨城県坂東市岩井の一帯であったことがわかっている。図志も、ここに全く触れていないわけではない。とくに宗旦自身は、岩井の島広山《しまびろやま》を将門の居城だと考えていたらしい。「按《おもう》に」と前置きした文章の中で、

「（朝廷軍に焼かれた「石井之営所」というのは）今相馬郡岩井郷島広山故跡といふ者これにして、平時はこゝを住居とし、事ある時は守谷に棲《せい》するなるべし」

と述べているからである。

現在は、島広山が将門の本拠すなわち、『将門記《しょうもんき》』（一一世紀ごろの成立か）に見える「石井《いわい》の営所」とされている。島広山は、坂東市街の中心部から北東へ一キロ余り、なお古い村落の風景が

残る一角にある。そこの民家のあいだの、ごく狭い庭園風の土地（坂東市岩井一六〇三）に「島広山石井営所跡」の碑が立っている。もちろん、将門の居城が、こんな程度であったはずはない。ここらあたりが、その中心だったということであろう。

周辺には将門関連の遺跡が少なくない。北には、将門の三女如蔵尼が建てた父追悼の祠《ほこら》に始まったとの伝説をもつ国王《こくおう》神社（岩井九五一）、東には、もと将門の菩提寺だったといわれる「島の薬師」こと延命寺（同一一一一）、南には、営所の築城を助けた「岩井を守る翁《おきな》」を祀る一言《ひとこと》神社（同一五八四）と、営所の水源になったとされる「石井の井戸」跡（同一六二七）などがある。

ところが、これらをすべて含めたとしても、直径五〇〇メートルほどの円内にすっぽりおさまってしまう。これは中世の、とくに大規模だともいえない守谷城よりも小さい。守谷城には、いまも空堀や土塁がはっきりと認められるのに、島広山の一帯には京都の中央政権に反旗をひるがえした軍勢にふさわしい施設の跡が少しも残っていない。むろん、実際の石井営所は、ずっと広かったかもしれず、一一〇〇年のあいだに遺跡は破壊しつくされたことも考えられる。

ただ、それにしても、「都の天皇、何するものぞ」の勢いで、「新皇《しんのう》」を名乗った男の軍事要塞の跡が、これほどきれいに消え失せるものなのか。唯一の資料だといえる『将門記』によれば、将門は新皇を称して、わずか二ヵ月たらずのちに、平貞盛や藤原秀郷らが率いる追討軍にあっけなく滅ぼされている。敵軍の兵は四〇〇〇人ほどにすぎなかったという。これより前、征東大将軍に任命された藤原忠文が京都を出発していたが、まだ現地へ着いてもいなかった。

資料の信憑性ということは、あるだろう。しかし、「平将門の乱」なるものは、少しばかり大げさに伝えられてきたのではないか。将門については、その生年をはじめ不明なことが多すぎる。あるいは、関東の辺陬《へんすう》で豪族間の私闘を勝ち抜いてきただけの、元来ならとても「新皇」などとは呼べない一武将であったのかもしれない。

一九　川をはさんだ同一地名

一つの川の両岸に全く同じ地名が存在する例は、折りおり見られる。利根川の中、下流域には、とくにそれが多いようである。いま、千葉県北西端の「尖った角《つの》」の先端部にかぎって、その例を挙げてみる。

- 千葉県野田市莚打―茨城県坂東市莚打
- 野田市小山《おやま》―坂東市小山
- 野田市木間ヶ瀬《きませ》―坂東市木間ヶ瀬
- 野田市古布内《こぶうち》―坂東市古布内
- 野田市桐ヶ作《きりさく》―茨城県猿島郡境町桐ヶ作

以上は利根川沿いであり、次は江戸川流域になる。

- 野田市東宝珠花《ほうしゆはな》―埼玉県春日部市西宝珠花

●野田市親野井《おやのい》—春日部市西親野井

江戸川の方については、あとで改めて触れるつもりなので、本節では利根川の分だけを取上げることにしたい。

右の同一地名は、どんないきさつで生まれたのだろうか。桐ヶ作の場合は、その事情がかなり詳しくわかっている。

桐ヶ作の鎮守は野田市も境町も香取神社である。野田市の同社は利根川べりに位置して社殿は大きく、境内は広いのに対して、境町の方は社殿こそ新しいものの小ぢんまりとしており、境内も広くない。

境町の香取社境内に「県域変更記念之碑」が建ち、そこに、

「この一帯は昔は『秣場《まぐさば》』と呼ばれ、対岸の桐ヶ作に属していた。宝暦(一七五一—六四年)のころ、上原多平が初めて移住してきた」

旨が記されている。秣は家畜の飼料にする草のことである。

「上原」は野田市桐ヶ作に多い姓であり、境町桐ヶ作でも半分以上を占めている。この碑文から、左岸(境町側)はかつて右岸の村の秣場(入会地)だったが、江戸中期に本村《ほんそん》の住民の入植によって成立した新村《しんむら》(出村《でむら》)であったことがわかる。なお、左岸の桐ヶ作が千葉県から茨城県に移ったのは明治三十二年(一八九九)のことである。

野田市桐ヶ作の香取神社にも碑が建っていて、

「永正五年(一五〇八)当時、前の川幅はおよそ六〇間であった」

などと書かれている。一間は一・八メートル強だから一一〇メートルくらいになる。
そのころ利根川は現在よりずっと西を流れていた。「前の川」は常陸川といい、水が動いているのかどうかははっきりしない、細長い沼のような河川であったろう。対岸は広大な湿地帯で、アシやスゲが密生していたのではないか。

利根川沿いのほかの四つも、みな本村と出村の関係にあった。どちらが本村かは両側を歩いてみれば、すぐ見分けられる。今日でも人家の数が違うだけでなく、その町割りや家並み、鎮守、檀那寺などの構えと、歴史の古さ新しさが生み出す雰囲気に、ひと目で気づくほどの差がうかがえるからである。すなわち、

- 莚打と小山では茨城県側
- 木間ヶ瀬と古布内では千葉県側

が本村になる。

本節で挙げた五ヵ所は、いずれも（おそらく江戸時代の）入植・開拓によって対岸に同名の新村が成立した例である。しかし、両岸に同一地名がで

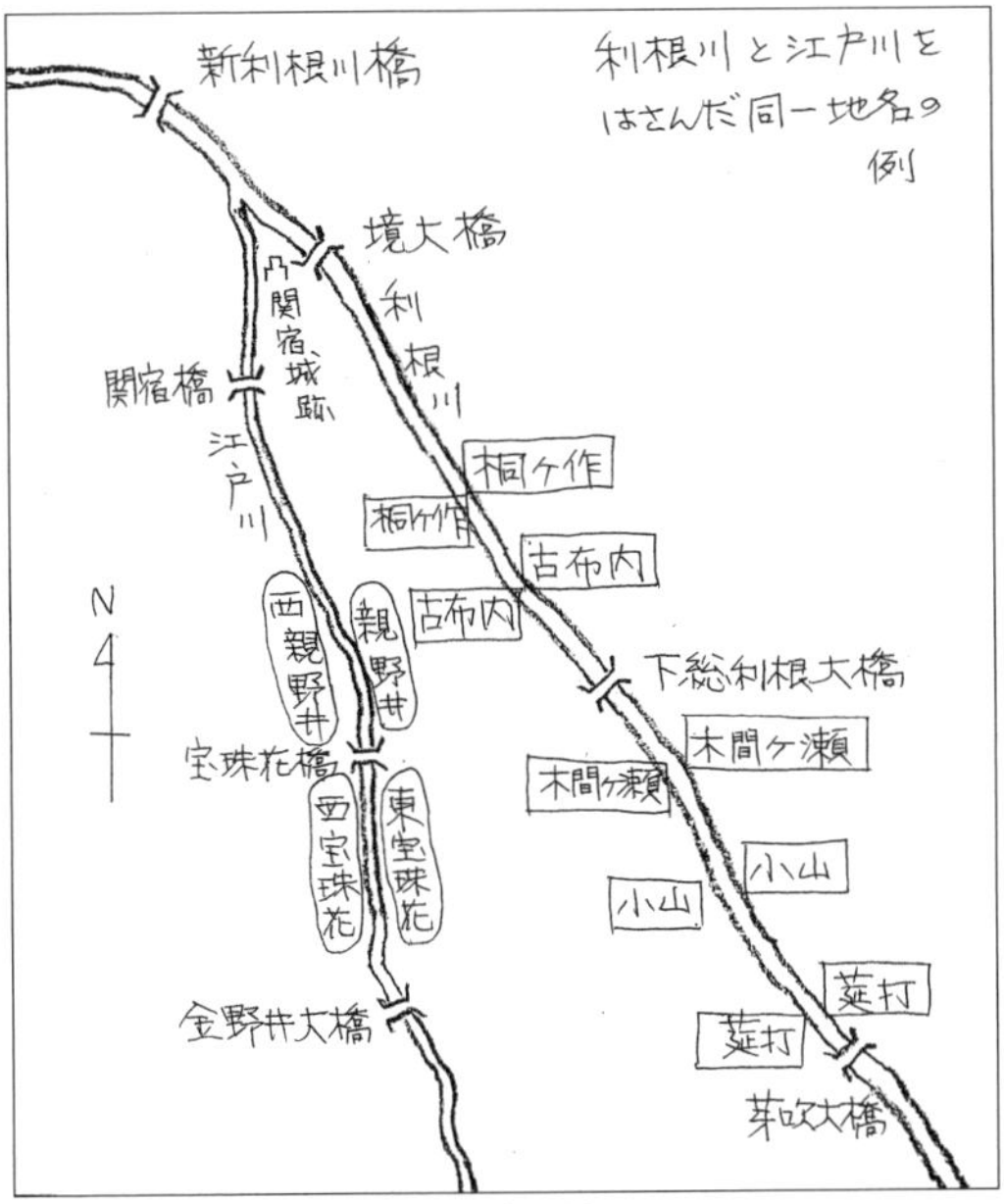

利根川と江戸川をはさんだ同一地名の例

きるのは、必ずしもそのような場合にかぎらなかった。後述のように、江戸川に臨む宝珠花と親野井は、村の真ん中に河道が開削されたため、村が分割されてそうなったのだった。

二〇　浅間山噴火死者の供養塔――野田市木間ヶ瀬

千葉県側の木間ヶ瀬の利根川に面した一角に、出洲《でず》（出州とも）という集落がある。堤防のすぐ下の水神社（野田市木間ヶ瀬九四二七）が、この二〇戸ばかりの小村の氏神になる。

神社の境内に、「浅間山噴火水死者供養塔」が建っている。浅間山（二五六八メートル）は、ここから一三〇キロほども離れた長野・群馬県境にそびえる活火山である。浅間山は過去に何度も大噴火を繰り返しているとはいえ、木間ヶ瀬からはあまりにも遠いうえ、供養の対象が「水死者」となっているのは、なぜだろうか。

供養碑の右面に、和製の漢文で、

「天明三年七月六日の夜から、上州浅間山の麓あたりで数万人が家を失い、数知れない水死者が出た。その遺体が、この前の川を落ち葉のように流れていった。その菩提を弔うために、これを建てる」

旨が記されている。天明三年は一七八三年であり、碑の建立は六年後の寛政元年（一七八九）

野田市木間ヶ瀬の浅間山噴火死者の供養塔

七月七日である。

正面には「水死諸精霊諸畜類」と刻されているので、流下していった中には家畜など動物の死体も含まれていたのであろう。碑文のどこにも「噴火」の文字が見えないのは、書くまでもなかったということらしい。いずれであれ、右の文章には多少の説明がいる。

現在、明らかになっているところによると、天明三年の浅間山の大噴火は旧暦七月六日から八日までつづいた。その噴石、火山灰は膨大な量にのぼり、溶岩流とともに多くが北側の吾妻《あがつま》川（利根川の支流）に向かって流れ下っていった。それは山麓の村々を相次いでのみ込み、この直接的被害だけで一四〇〇〇人以上の死者を出したとされている。

土石流は吾妻川をせきとめて天然ダムを形成するが、ほどなくダムは崩壊、土石や灰を含んだ水が洪水となって下流域を襲った。その水は、噴火による死者、家畜の死体、家屋の残骸、家財道具などを押し流しながら、下流に水害を発生させて、それによる死者もいっしょに「落ち葉のように」水面を運んでいった。噴火そのものと、いわば二次災害に遭った死者の数を合わせると、一六〇〇人を超すようである。

とにかく、おびただしい人畜の死体が、増水した川面を浮きつ沈みつ下流へ下流へと漂っていった。その群れは関宿で利根川と江戸川に分かたれ、利根川に入った分が出洲の村人の目に映ったのである。

この年の浅間山噴火で吾妻川、利根川、江戸川の川床が上昇したといわれる。大量の火山灰が流れ込んで、川が浅くなったのである。それが噴火から三年後に起きた、利根川水系における江戸期を通じて最大級の洪水として知られる天明六年七月の大洪水を招いたのだった。

噴火がなくても、水害は起きていたろう。しかし、江戸で九〇〇人以上が溺死したとされる寛保二年（一七四二）の洪水をしのぐほどの出水にはならなかったに違いない。一九世紀前半に編纂された江戸幕府の公式記録『徳川実紀』には、

「(天明六年の洪水は) 寛保二年の大水に十倍する」

と述べられている。ただし、その被害者の数などは不明である。

天明六年の洪水の折りには、出洲から二〇キロ余り上流の現埼玉県久喜《くき》市栗橋と、その下流一帯が「海のようになった」と伝えられている。出洲も水につかった可能性が高い。水神社の供養碑が建てられたのは、それから三年後になる。これは、自らも被害に遭った三年前の水害より、六年前の人畜の死体が目の前を流れていく光景の方が、むしろ印象に残っていたということでは

ないか。

二一　春日部市西宝珠花《ほうしゆはな》・野田市東宝珠花

1 「お八重買うやつ（奴）ぁ　みなかさ（瘡）だ」

現在の利根川は、千葉県北西部の「尖った角」の先端・関宿で二つに分かれる。本流は南東へ向かって流れ、千葉県銚子市で太平洋へ達している。一方、分流の江戸川は、南流して東京湾へ注いでいる。これは江戸時代前期の河川改修の結果であり、自然の河道ではない。

いまの江戸川の上流部、すなわち関宿から下流の二〇キロほどは、寛永十二年（一六三五）から同十八年にかけて、下総台地を掘削して造った人工の河川である。工事を指揮したのは、既述の関東郡代、伊奈忠治《ただはる》の部下だった下総国葛飾郡庄内領の代官、小島正重であった。

この工事で、宝珠花、親野井の少なくとも二つの村が東西に分断されてしまう。現千葉県野田市東宝珠花、同市親野井―埼玉県春日部市西宝珠花、同市西親野井という、江戸川をはさんで同じ地名が見られるのは、その名残りにほかならない。

分断は、とくに宝珠花に予期しなかった繁栄をもたらすことになる。新たに開けた銚子―関宿

——江戸の河川交通路は、利根川と江戸川沿いの要所に河岸《かし》を発生させるが、宝珠花は流域中でも屈指の河岸に成長していったからである。これは一つには、東宝珠花が「日光東往還」の通路に位置していたこと、また一つには、宝珠花が掘削部分の中間あたりに当たっていたためではなかったか。

仕事のある場所には、いやでも人が集まってくる。河岸のようなところでは、船頭や荷役に従う労働者など男たちが、ことに多かった。そうなると、必然的に遊里が生まれる。宝珠花は、男の遊び場としてもよく知られていたらしい。

春日部市西宝珠花の町並み。手前は、いまも営業中の肥料店、その向こうはもとの薬屋

柳田國男は、布川にいた明治二十年代の初め、川舟の船頭たちが、

「宝珠花ではお八重がかさだ　お八重買うやつぁ　みなかさだ」

という言葉を口にしていたのを聞いたと記している（『故郷七十年』五四ページ）。かさ（瘡）とは、梅毒のことである。

これは当時、宝珠花に八重と呼ばれる遊女がいて、梅毒にかかっているから気をつけろと仲間に言ったのではあるまい。一種のはやり文句だったのではないか。七、

七、七、五と都々逸《どどいつ》と同じ音数になっているうえ、「お八重」「かさ」が韻でも踏むように二度ずつ出てくる気のきいた調子の言いまわしだからである。

柳田が右のざれ言葉を耳にして一〇年ばかりたった明治三十三年（一九〇〇）、埼玉県側の西宝珠花に「宝珠花銀行」が設立されている。舟運業者との取引きが多かったようだが、とにかく地元民が作った地元民向けの銀行であった。町に相当の活気と経済力がなければ、できることではない。

この銀行は、舟運の衰えとともに大正十五年（一九二六）、休業に至っている。しかし、このあと宝珠花は一気に寂れていったわけではない。むろん、かつてほどではないにしても、近隣一帯の町場として、それなりに人を呼んでいたのである。

2　町をそっくり移動させる

昭和二十二年（一九四七）九月の台風9号は、「カスリーン台風」と呼ばれることが多い。当時、日本は第二次世界大戦に敗れた結果、連合国軍（実質的にはアメリカ軍）の占領下にあり、台風はアメリカ式に女性の名（現在は男性の名も）が付けられていた。

千葉県の房総半島沖を通過したカスリーン台風は、典型的な雨台風であった。九月十四日から翌日にかけて関東一帯に大量の雨を降らせ、利根川水系などが各所で氾濫、十五日の午前零時ごろには現埼玉県加須《かぞ》市新川通で利根川の右岸が大音響とともに決壊してしまう。あちこちで起きた洪水によって死者一〇七七人、行方不明八五三人など、明治以降の台風としては有数の被害が

昭和27年、移転直前の西宝珠花の町並み（宝珠花神社境内の掲示写真より）

発生している。

このとき宝珠花は東西とも、ほとんど水につかっていない。もともとが台地の上にあったためである。しかし、政府が立てた利根川や江戸川の、河川拡張と堤防かさ上げ工事計画の対象になった。

町は人工河川の土手に沿って並んでいた。川幅を拡げるとなると、立ちのくしかない。東西とも新堤防の外側への移転が計画されるが、とくに西宝珠花は町並みをそっくり三〇〇メートルほどもずらす方法がとられた。しっかりした構えの大きな商家などが多かったからではないか。

西宝珠花の中心は、いま五月の三日と五日に、縦一五メートル、横一一メートル、重さ八〇〇キロの大凧をあげる祭りの会場に使われる、宝珠花橋下流の右岸河川敷にあった。そこから、西方の人家がまばらに点在する場所まで、鉄道に似たレールが敷設される。その上の台車に各家を土台ごと載せて、滑車で引っ張ったのだった。昭和二十六年から二十八年にかけてのことである。

この方法は「曳《ひ》き家《や》」と呼ばれる。移転対象家屋およそ二五〇戸のうち一五六戸が曳き家によって、一八戸が解体と再建で、三六戸が家を新築して新たな町場へ移ったと記録されている。その中には、芸者がいる料亭三軒も含まれていた。戦後も依然として、それだけ賑わっていたのである。ほかに旦那寺の一つの真言宗大王寺や氏神の宝珠花神社も、曳き家の方法で移転している。

今日、西宝珠花の通りを歩いていると、古色蒼然としているが、どっしりとした大家屋をよく目にする。いずれも、七〇年近く前、レールで運ばれた家々である。当時の構えを部分的に残しているものを含めたら、まだ数十軒がそのまま建ちつづけているのではないか。

3　西宝珠花の富士塚

関東地方の住民には、「富士塚」がどんなものか知っている人が少なくあるまい。しかし、ずっとほかの土地で暮らしてきた人びとには、ぴんと来ないのではないか。関東以外では、ごく珍しいからである。

首都圏一帯の、まだ都市化しきっていない場所を注意して歩いていると、富士塚はやたらに見かける。全部で一体どれくらいあるのか、あったのか、わたしにはわからないが、おそらく数千は下らないと思う。ただし、中にはすでに崩れてしまって、すぐにはそれとわからない塚もあれば、全く消滅した例も知られている。

富士塚は、富士山を模して築いた小山ないしは塚である。大きいものでも普通は高さ一〇メー

宝珠花神社境内の富士塚。現在は河川敷になった場所から、そっくり移したものである。

トル以下、小さいと二メートルにも満たない。現在のような高い建物がなかったころには、ほとんどが頂上に立つと本物の富士山を望むことができた。そうして、たいていの場合、頂上に「浅間《せんげん》神社」を祀った石塔や平べったい石碑を建てている。要するに、富士山を神聖視し、遥拝するためのミニ富士山だといえる。

富士塚は、富士講の大流行を背景に、幕末に築かれたものが圧倒的に多いようである。富士講は、江戸前期の行者、角行《かくぎょう》（一説に一五四一―一六四六年）を開祖とする、既存の宗教とはかかわりの薄い信仰組織である。角行は本名を長谷川邦武といい、もとは長崎の武士であったらしい。

宝珠花には、どちらの側にも富士塚が現存するが、とくに西宝珠花のそれは近在きっての規模と構えであろう。それは宝珠花神社の境内の一角に位置して、比高差は八メートルばかり、全体が富士山から運んできた溶岩など大小の岩と石で固められている。急げば一分たらずで登れる「登山道」の主な場所には「五合目」「七合目」といった石の標識が立てられており、頂上には型どおり「浅間大神」と刻まれた、富士塚にしては大きな石碑がある。そこからは、いまも富士山はもちろん、この周辺三六〇度の景色を眺望できる。

前の鳥居には「三国第一山」と書かれた銅製の扁額《へんがく》がかかっている。横の説明板によると、天保四年（一八三三）、西宝珠花の人びとが、それまで一二一回の富士登山をしたことを記念して鋳造させたものだという。そのとき鳥居がすでにあったはずだから、富士塚も築かれていたと思われる。三国第一山とは、いうまでもなく富士山を指す。

この富士塚も、昭和二十六年に始まった町の移転とともに、もとの河川敷から現在の堤防のすぐ外側へ移されたものである。やはり曳き家によって、現在の町並みに転居してきた昭和十四年（一九三九）生まれの男性は、

「あの富士塚は、いったん崩したあと、いまの場所に、ほとんどもとのまま再建したものです。わきの宝珠花神社の社殿は曳き家で持ってきましたがね」

と話していた。

敗戦後まだ六、七年しかたっていない時期だから、ろくに重機もなかったろう。いったい、どれほどの労働力を要したのか、ちょっと想像がつかないが、とにかく相当の大仕事であったに違いない。

4　東宝珠花

今日、東西の宝珠花を歩いてみると、非常に違った印象を受ける。西は、いかにもかつて繁華な河岸だったが、それは遠い昔のことだとでもいうように、寂れた古い町場の雰囲気が残っている。一方、東では由緒のありそうな建物は、まず見かけない。トラックや乗用車がひっきりなしに往来する県道17号（昔の日光東往還）をはさんで、近ごろ風の変哲もない住宅が並ぶ景色からは、昭和の初めあたりまで「東港《ひがしみなと》」と呼ばれていた河岸の面影は全くうかがえない。

東は、もともと西にくらべて町の規模が小さかったようである。明治九年（一八七六）当時で、西は二三八戸だったのに、東は、それから一五年後の同二十四年でも一〇二戸にすぎなかった。その後も、だいたい東は西の半分ほどという状態であったらしい。

理由は、わたしにははっきりしないが、おそらく船溜まりとしての条件で、西の方がまさっていたのではないか。その結果、西により多くの大店の舟運業者が生まれ、それが明治期の地域銀行の設立などにつながったのだと思われる。富士塚も西のそれが格段に堂々としているが、右の事情と無関係ではあるまい。

東の氏神は日枝《ひえ》神社である。この境内に将棋の一三世名人、関根金次郎（一八六八―一九四六年）の碑が建っている。関根は当地の生まれで、映画や流行歌『王将』のモデルになった坂田三吉（一八七〇―一九四六年）とは生涯を通じてのライバルであった。両者の対戦は三二回に及び、関根の一五勝、坂田の一六勝、引分け一だったと伝えられている。

日枝神社の碑は大正十五年（一九二六）、関根が金一万円を奉納した記念に建てられたものである。そのころ大工の日当が三円五〇銭くらいであった。一万円といえば、ざっと三〇〇〇日分、ほぼ一〇年間の給金に当たる。いまなら五〇〇〇万円か、それ以上の価値があるのではないか。

境内の説明板を読んでいて、わたしは関根金次郎の気前のよさということより、棋士の稼ぎの多さに驚いた。関根は、金への執着がとぼしかった人物だといわれているようだが、それでもぽんと一万円の現金を出せるだけの貯えがあったことになるからである。

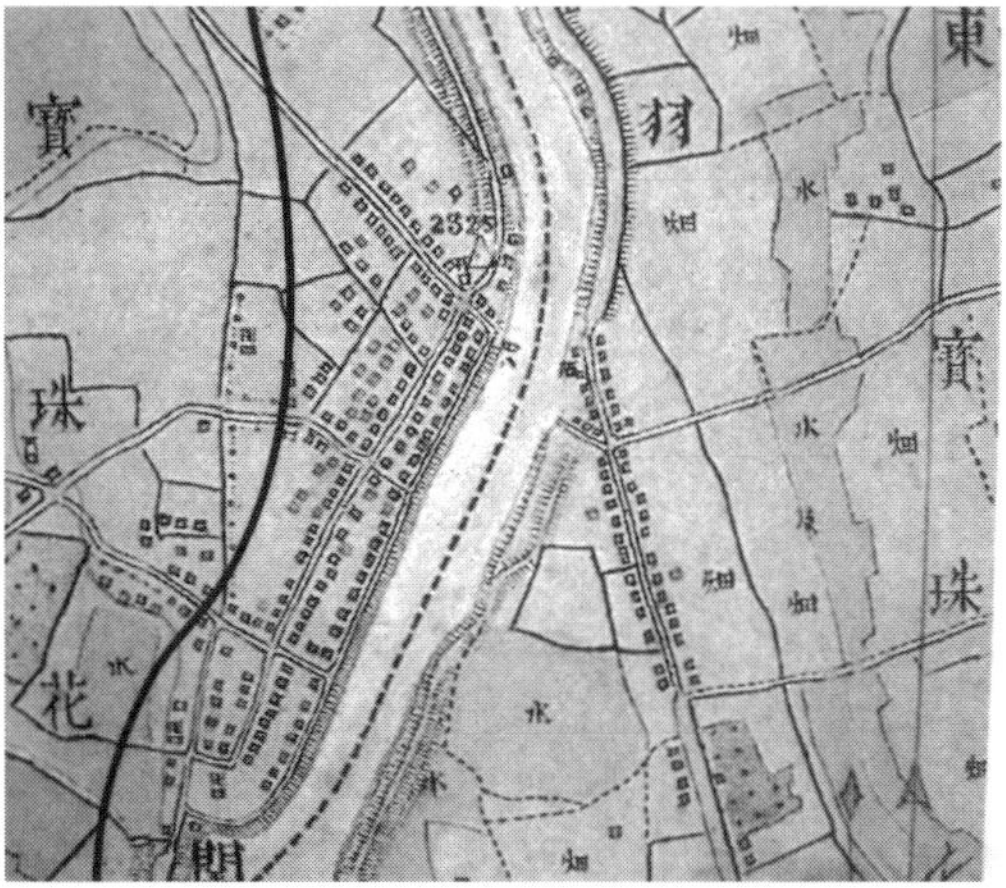

明治初期の東西宝珠花の2万分の1図。西宝珠花（写真では「西」の字が欠けている）の方に、ほぼ南北に引かれた線が現在の江戸川の堤防になる。宝珠花神社の境内に春日部市が立てた掲示板の地図なので、野田市側の現堤防の線が書かれていない。

神社では、寄進を受けた金で鳥居や手水《ちょうず》舎、狛犬《こまいぬ》、玉垣そのほかを造立したうえ、神輿を修繕したという。

なお、「宝珠花」なる変わった地名の由来については、「宝珠」は既述の境界の標識を指す「榜示（ほうじ）」の、「花」は「端《はな》」の宛て字だとする説が妥当だと思う。ここは、かつての下総、武蔵両国の境に近く、その「そば（端）」だと考えることができるからである。ただし、別の二つの地域の境だった可能性もありえる。

二二　景観は、なぜ消えたか――野田市関宿

千葉県の「尖った角《つの》」の先端部、野田市関宿は、かつては城下町であり、繁華な河岸であり、宿場町であった。とくに、川港としての繁栄ぶりは日本一ともいわれ、

「お江戸日本橋の飛地」

と称されていたほどだった。『利根川図志』は、

「江楼に柳樽《やなぎだる》を開き、江岸に柳ノ枝を折る。その景況喩《たと》ふるに物なし」

と述べている。

江楼は川辺の遊郭、柳樽は胴と柄の長い朱漆《しゆうるし》塗りの樽を指すが、ここでは単に酒樽のことであろう。別れに柳の枝を折って、去り行く人に贈る風習があり、遊女が朝、客を送り出すさまを、そう言ったのである。

関宿は利根川と江戸川の分岐点に位置して、とにかくそれだけの賑わいを見せていた町であった。そうであるなら、いまなお当時の面影をどこかに残していて不思議ではない。いや、そうでない方がおかしいといえる。しかし、この町からは現在、城下町、宿場町、河岸のどの風景も、きれいさっぱり消えてしまっている。

『週刊朝日』に連載する記事の取材で昭和四十年（一九六五）、関宿を訪れた小説家の安岡章太

郎は、そのときの印象を次のように書き残している。

「関宿は、一本のアスファルト道路の両側に軒の低いワラ屋根の家など並んだ、何のヘンテツもない町である。

『こりゃ、何にも話のタネになるようなことのない町だな』

と同行の伊藤画伯はおっしゃる。――そのとおりだ。ぶらっとやって来て、そのへんを歩きまわり、道ばたの旅館に一泊してみたところで、この利根川と江戸川の分岐点に当る町には、どうと言って見るべきものは何にもない」（安岡章太郎『利根川』、初版は一九六六年、朝日新聞社）

安岡は、さらに、

「この町にはそういうもの（映画館＝引用者）さえない。パチンコ屋も、中華ソバ屋も見当らない。たしか呉服屋、洋品屋、化粧品屋、といった店屋も見掛けなかったと思う。この町の人たちは、いったい何をやって暮らしているのか、想えばフシギな町である」

と付け加えている。

とはいえ、いまから半世紀余り前には、まだ「軒の低いワラ屋根の家」や、「道ばたの旅館」があったことがわかる。安岡は、泊まった旅館へアンマも呼んでいるのである。

令和二年の今日、関宿には茅葺き屋根の家も、旅館あるいはビジネスホテルもない。ラブホテルすらなく、調べたわけではないが、アンマを業とする人もいないのではないか。なぜ、これほど完膚なきまでに過去のたたずまいが消えてしまったのだろうか。

関宿のあたりを「A」の字に例えてみると、河岸も町もいちばん上ではなく、そこから少し下がった左側すなわち江戸川沿いにあった。そうして、関宿藩士たちが住む武家町は北部にあり、河岸や、そこで働く人びとの町人町は南側に位置していた。

明治維新から間もなく、まず城下町が急激な衰退期に入る。明治五年（一八七二）、武家屋敷町には士族と卒族《そつぞく》（足軽など、もとの下級武士）の家、合わせて四一〇戸があったが、同七年ごろから関宿城関連の建築物の撤去が始まる。それは徹底したものだったらしく、いま城にかかわる遺構は全く残っていない。

旧藩士たちは生計の手段を失い、次々と関宿を去っていった。のちに県庁所在地になるほどの人口があれば、士族が就けるような仕事もありえたろうが、ここにはそれだけの条件がなかったのである。時の経過とともに、おおかたが農地に変わり、現在では小規模な酪農地帯を形づくっている。

一方、河岸の方は、なお繁栄をつづけていた。より盛んだったのは、実は江戸のころから対岸の埼玉県側であった。そこは「向河岸」と呼ばれ、二軒の喜多村家、染谷家、小島家の四軒の大店と五軒の問屋が店を構えていた。

ここと、千葉県側の「内河岸」に落日がしのび寄ってきたのは、明治二十三年（一八九〇）の利根運河の完成後である。鉄道の時代に差しかかっていたとはいえ、まだ舟運は活力をたもっていた。ところが、肝心の銚子―江戸航路が「Ａ」の字の横棒を通るルートに変更されたことになる。関宿への痛手は、あまりにも大きかった。

真っ先に舟運業から手を引いたのは、向河岸の大店であった。明治二十七、八年ごろのことである。あとの店も、われ先にと後につづいた。同三十年代には、関宿の河岸は存続の基盤を失っていたといってよい。しかし、これだけであれば、河岸の景観が消滅しきってしまうことはなかったはずである。現に、ずっと小さな河岸であり、同じように利根運河の影響を受けた西宝珠花からは、かすかながらそれらしい雰囲気が消えていない。

旧関宿城本丸跡から関宿城博物館を望む。

関宿から河岸の面影を完全に奪い去ったのは、江戸川の河川拡幅工事であった。その直接のきっかけになったのは、明治四十三年（一九一〇）八月の洪水である。関東一帯で死者六七九人が出た、このときの出水では関宿でも利根川が決壊、江戸川は破堤こそまぬかれたものの、越水ぎりぎりの状態であったらしい。

もともと、この近隣の堤防のかさ上げと河川の拡幅は予定されていたが、政府は計画を前倒しして翌年から工事に着手する。それは昭和四年（一九二九）までつづき、その間に旧関宿城域の西側や内河岸、向河岸の大半が河川敷になってしまったのである。これが関宿を、「どうと言って見るべきものは何にもない」町にした理由であった。

いま、利根川と江戸川の分流点に近い野田市関宿三軒家一四三に、三階櫓《やぐら》の天守閣風の真新しい建物が建っている。これは、平成七年（一九九五）に開館した千葉県立関宿城博物館であって、もとの関宿城本丸とは場所が違い、資料不足のため全体の姿も忠実な復元である保証はないといわれる。

関宿城の本丸は、ここから南へ五〇〇メートルばかり、江戸川の現堤防のすぐ下にあった。そこには「関宿城趾」の石碑が立って、そばに草の広場があるが、ほかにはどんな遺構もない。これほど跡形なくなった城も珍しいのではないか。

河岸跡にいたっては、関宿のどこを、どう歩いても見つかることはないと思う。

二三　五霞《ごか》町元栗橋

1　栗橋城下の町割りは四〇〇年余り前のまま

旧関宿城の本丸跡から西北西へ五キロほど、茨城県猿島《さしま》郡五霞町元栗橋の権現堂川べりに栗橋城跡がある。

赤松宗旦は、この栗橋城を「古河《こが》城」、現在ふつうに古河城とされている城（茨城県古河市桜町、後述）を「今の古河城」と呼んでいる。混同しやすいので、以下では五霞町の方は、もっぱら栗橋城と表記することにしたい。

栗橋城は、だれが、いつ築いたのかはっきりしない。ただ、享徳四年（一四五五）ごろから、「古河公方《くぼう》」足利成氏《しげうじ》の重臣、野田氏が栗橋城を守っていたことが知られているので、それ以前の築城だということになる。

宗旦は古城跡好きだったから、古河城や栗橋城をめぐる治乱、興亡についていろいろ書いているが、わたしがここで取上げたいのは、そのあたりのことではない。

『利根川図志』は、栗橋城周辺のやや詳しい地図を載せている。それを片手に、今日、城跡のまわりを歩いてみると、町割りがほとんど、あるいは全く変化していないらしいことに気づく。もちろん、一六〇年余り前の家が、そのまま建ちつづけているというのではない。それどころか、当時の家など一軒も残ってはいまい。

しかし、どうも街路は少しも変わっていないようである。同じ幅で同じルートを通り、しかも新たな道は造られていないのではないか。そうして、その町割りは栗橋城が廃城になったとされている一六世紀末ごろの姿を現在に、そっくり伝えているように思われる。そう考えるべき節《ふし》がある。

それが宗旦の時代までさかのぼれることは、図志の地図と現状をくらべてみれば、すぐにわかる。問題は、戦国期にも、いまのようだったかどうかである。これを検証するには多少の説明がいる。

ほぼ確実だとされている史実によると、栗橋城の最後の城主は小笠原秀政（一五六九—一六一五年）であった。小笠原氏は代々、信州（長野県）に勢力を張ってきた名族である。甲斐（山梨県）の武田信玄との戦いに敗れて、いっとき他国を流浪したこともあったが、天正十八年（一五九〇）、秀政の父貞慶《さだよし》が徳川家康から現茨城県古河《こが》市の古河藩三万石を与えられる。その際、貞慶は古河城に、秀政は栗橋城に居城したようである。栗橋城は、それ以前から古河城の支城の役割をになっていたらしい。

貞慶が没したあとの慶長六年（一六〇一）、秀政は信州飯田藩五万石へ移され、さらに同十八年、父祖の地である信州松本藩八万石へ加増、移封されている。つまり、秀政は一〇年余り、栗橋城か古河城で暮らしていたことになる。

古河城は、その後も江戸期を通じて存在しつづけ、多くの譜代大名が入れ替わりで城主の地位に就いた。将軍が日光へ社参する折りの宿としても使われている。一方、栗橋城の方は、秀政が飯田へ去ったあとは廃城とされた。当然、周辺の城下町も、その機能を失って、急速に農村化していった。

ところが、図志の地図を見ればわかるように、まわりの道は東西南北に真っすぐ延びており、そこに古河町、信濃町、表町、上宿、中町、下宿などの名が付いている。これは城下町の町割りのそれであって、どう考えても農村のものではない。

右のうち、信濃町は、秀政が父祖の地である「信濃」にちなんで付けたと思われる。秀政がここを離れ、しかも農村になってしまった土地の通りを「信濃町」などと呼ぶわけがないからである。すなわち、この通りは一六世紀末にできたものとみなして差しつかえあるまい。いや、道そのものはもっと前からあって、命名が秀政のころだったということかもしれない。いずれであれ、ほかの街路も含めて、戦国期の町割りであることは疑いないといってよいのではないか。

既述のように、今日も道筋は全く変わっていない。そのうえ、新たに開通した道路もないのである。そこが旧栗橋城下の珍しさである。

ちなみに、いま本丸跡を含む一帯は、すべて松本氏の私有地である。かつては、さらに広い範囲に及んでいたらしく、図志には、

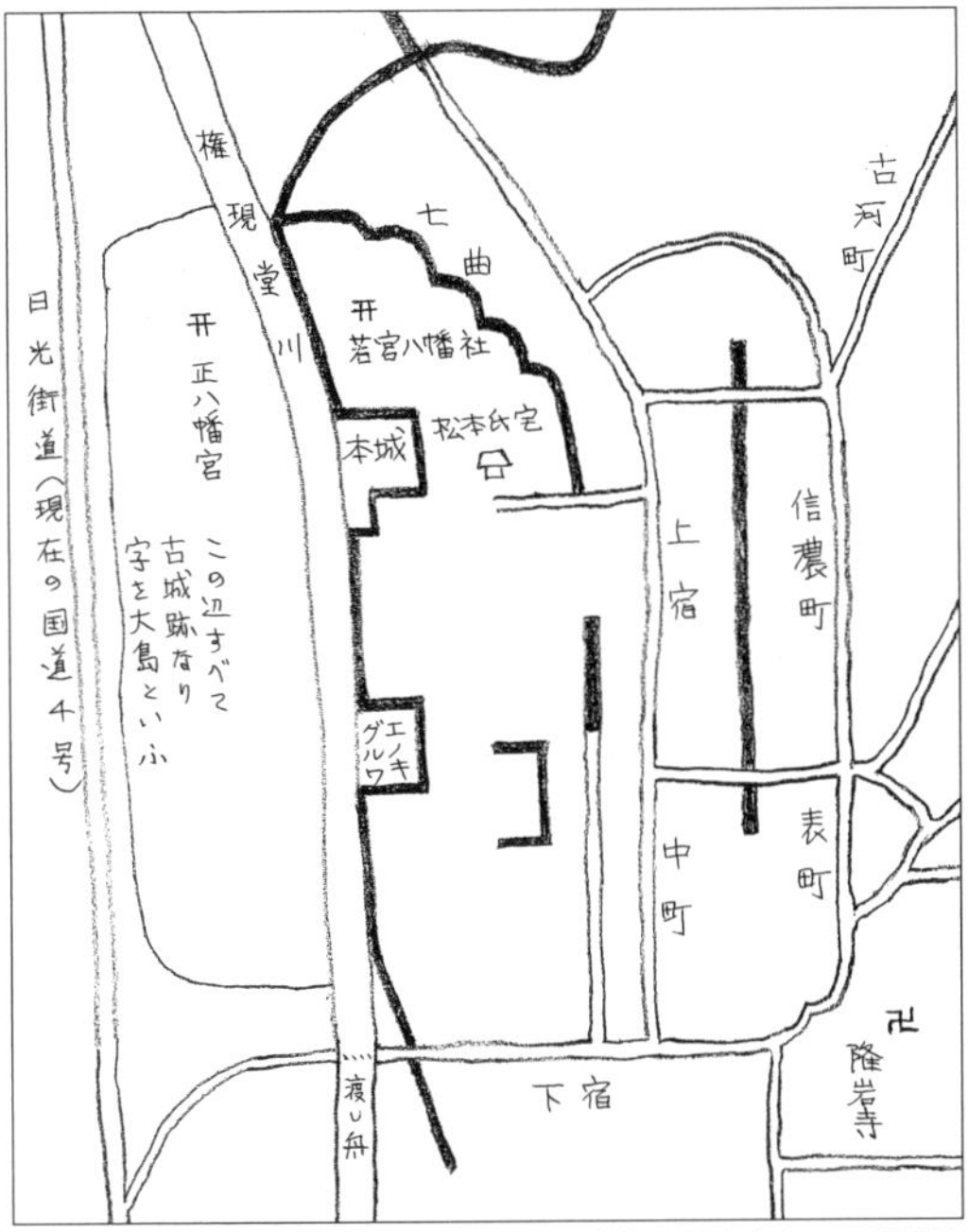

幕末ごろの栗橋城周辺の地図。『利根川図志』の図をもとに、引用者が作った。

「松本勘兵衛といふ人あり。古《いにしえ》より古城迹《あと》に居て、其処《そこ》の事を掌《つかさど》れり。城迹草地堤《どて》共に六万坪、外に田地十三町歩を有《も》ちたりしといふ。今は古に如《し》かずとなむ」

と見え、つづいて当時の当主、松本可成（勘兵衛）氏の、

「わがいほ（庵）は　みやこの乾《いぬい》（北西）　何もなし　古城山と　ひとはいふなり」

という狂歌を紹介している。現住の松本氏は、この勘兵衛氏の子孫になる。なお、一町歩は三〇〇

〇坪である。

　松本氏が、どんないきさつから一〇万坪に近い栗橋城跡を「掌り」、その城域を所有するようになったのか、実はよくわかっていない。同氏が、もとの栗橋城主だったなら、この疑問はある程度は解けないでもない（それでも、そんなことを江戸幕府が本当に許すかどうか、という問題は残るが）。しかし、松本氏が栗橋城主だった事実は全く知られていないのである。

　考えられることとして、秀政が飯田へ移り、城も廃されたのち、何らかの跡地の管理が必要で、その任に当たっていたのが松本氏ではなかったかということである。その姓は、小笠原氏の本拠だった信州松本から取った可能性があり、それに間違いがないとすると、同氏は小笠原氏の信頼があつかった譜代の家臣だったかもしれない。

　松本氏宅の入り口には、図志に「七曲《ななまがり》」と記されている空堀の跡が残り、その南端のあたりには第二次大戦後も、茅葺きの大きな長屋門が建っていた。近所の人びとは、幕末ごろの当主のことを、

「勘兵衛さま」

　と言っていたという。何か身分違いの一門だとの意識が近年まであったらしい。それでいて、松本氏が何者なのか、だれも知らなかったのである。

2　権現堂川の今昔

『利根川図志』の本文には栗橋城、五霞町元栗橋について、

「この地権現堂川を掘りしより城址も栗橋（いまの元栗橋のこと＝引用者）も二になれり」

と見える。また、図志の地図の権現堂川右岸（西岸）に、

「この辺すべて古城跡なり　字を大島といふ」

と付記されている。

赤松宗旦は、権現堂川が江戸川のような開削河川であり、元栗橋も既述の宝珠花と同じく、新たにできた川によって二つの地域に分割されたと考えていたのである。

しかし、これは今日の知見とは合致しない。たしかに、権現堂川には相当の人工が加わっているが、川自体はもとからあったとみられている。

古い時代、権現堂川は渡良瀬川の一部をなし、元来は現在の中川と庄内古川の河道を、のちには江戸川を南流して江戸湾（東京湾）へ入っていたらしい。ただ、このあたり一帯の水系は乱流による河道の変更を繰り返しており、ここ五〇〇〇年、六〇〇〇年くらいにかぎっても、どこを、どう流れていたのか、正確な復元は難しいようである。

栗橋城の結構から考えても、城域は東岸だけであったとする方が理にかなっているのではないか。図志の図にある

現在の権現堂川。湖水のように広々としている。

「本城」は、いわゆる本丸、本曲輪《ほんぐるわ》だろうが、西に面する権現堂川を天然の要害にして、北から東には七曲と称する空堀、東から南にかけては各所に直線の空堀（図の黒い線。筆者作の前掲図参照）を配していたらしく思われる。川がなければ西側は無防備になって、城としてはいかにも不自然な気がする。

その辺はともかく、権現堂川は江戸時代から大正時代まで、利根川と江戸川との分岐点の関宿より八キロばかり上流で利根川から分かれる、もう一つの分流であった。権現堂川は何度となく破堤、氾濫をしては堤防の強化という歴史を重ねていたが、とうとう昭和三年（一九二八）、国はこの川の上流部分五キロ余りの両端を締めきってしまう。そのあいだは堀のようになり、「行幸《みゆき》湖」とも呼ばれる。それは明治九年（一八七六）、天皇が東北地方巡幸の折り、ここに立ち寄って築堤工事を閲覧、金一〇〇円を下賜したことによる名である。

権現堂堤は、いま桜の名所としてよく知られている。とくに下流側の一キロほど、埼玉県幸手《さって》市内国府間《うちごうま》の付近が昔から有名で、シーズンには見物の人びとでごった返すことになる。だが、桜の並木はずっと上流までつづいており、元栗橋の対岸あたりも現在では幸手に劣ることはない。

二四　カスリーン台風で利根川が決壊——加須《かぞ》市新川通

利根川と権現堂川のかつての分岐点から三キロほど上流で、渡良瀬川が利根川に合している。そこから利根川を三キロばかりさかのぼった右岸（南岸）の埼玉県加須市新川通に「カスリーン公園」がある。

昭和二十二年（一九四七）九月中旬、死者一〇七七人、行方不明八五三人が出たカスリーン台風（台風9号）の際、利根川の堤防が決壊したのはこのあたりであった。公園は、その記憶を伝えるため、ほぼ全域が水没した旧大利根町（現在は加須市の一部）が建設したものである。

利根川は江戸時代の初めまで、この付近で左岸側へ大きく膨らんで流れていた。蛇行は破堤の原因にも、舟運の妨げにもなる。それで幕府は元和七年（一六二一）、陸地を四キロくらい掘りくぼめて流路を直線化したのだった。「新川通」は、この開削によってできた地名である。

既述のように、カスリーン台風は雨台風であった。九月十五日の夜、房総半島の南端をかすめて海上を北東へ進んだと推定されているが、そのときの中心気圧は九七〇ヘクトパスカル前後、中規模の台風で風はたいしたことはなかった。しかし、日本列島付近に停滞していた前線を刺激して、とくに関東地方に大量の雨を降らせた。

十五日の午後から利根川や荒川の水系の至るところで洪水が発生していた。新川通の前の利根川本流も水かさが増えつづけていたが、夕方にはまだ水防に集まった人びとも世間話などをしていたらしい。死者だけで六七九人の被害を出した明治四十三年（一九一〇）八月の洪水の折りにも、破堤をまぬかれたことが、

「結局は、持ちこたえるのではないか」

という気持ちを抱かせていたのかもしれない。

だが雨はますます降りしきり、そのうち水死者の遺体や家畜の死体が濁流の上を流されていくのが暗闇をすかして見えることもあった。やがて雨は小降りになり、午後一〇時ごろにはやんで、夜空には星がまたたくようになった。

それから間もない十六日午前零時すぎ、山の斜面が崩落するような大音響とともに堤防が決壊したのだった。音は三度にわたって響いたという。のちの調査で破堤は三四〇メートルに及んだことがわかっている。

あふれ出した膨大な水は、古利根川や庄内古川など古い時代の利根川の河道を通って東京方面へ押し寄せた。カスリーン台風では荒川も決壊しているが、東京都で家屋の流出・倒壊五六戸、床上浸水およそ七万三〇〇〇戸、床下浸水およそ一万五五〇〇戸、死者八人の被害が出た主な原因は、利根川水系の氾濫にあった。

それ以後は、いま（令和三年夏）のところ、利根川の破堤は起きていない。

二五　古河城と古河公方館——茨城県古河市

利根川と渡良瀬川との合流点から渡良瀬川を三キロばかりさかのぼった左岸（東岸）の堤防上

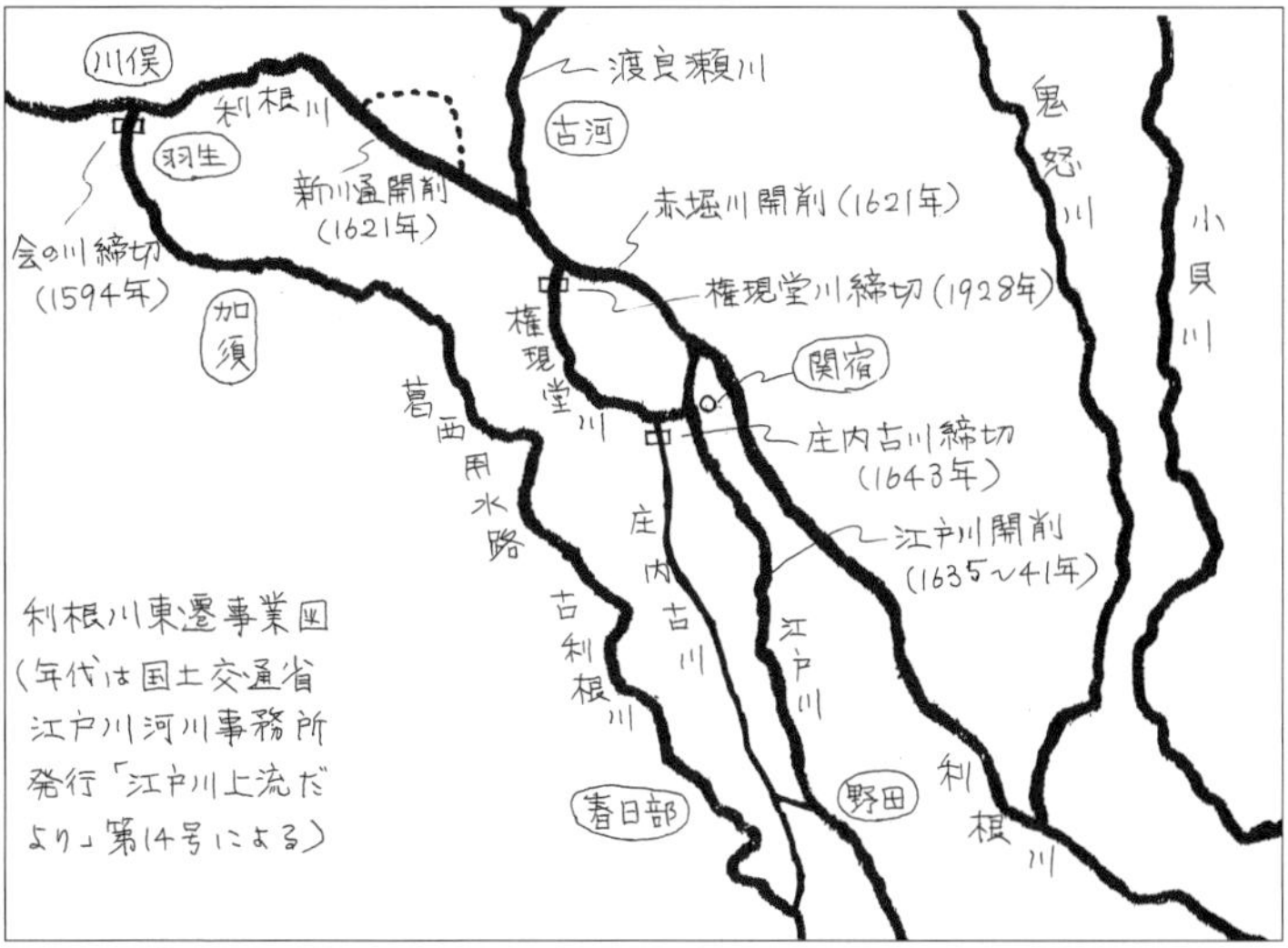

利根川東遷事業の概念図。国土交通省の資料にもとづいて、引用者が作った。

カスリーン台風の洪水から避難する現栃木県足利市通(とおり)2丁目の人びと
(カスリーン公園の掲示写真より)

に、古河《こが》城本丸跡の碑が建っている。三国橋と新三国橋との中間あたりになる。一帯に、いま遺構は何ひとつ残っていない。

古河城は平安時代末の治承四年（一一八〇）ごろ、源頼朝麾下《きか》の武将、下河辺《しもこうべ》行平《ゆきひら》が築城したとされている。ここに第五代の鎌倉公方《くぼう》、足利成氏《しげうじ》（一四三四―九七年）が移ってきたのは、それから二七〇年以上もたった享徳四年（一四五五）のことであった。

成氏は、関東管領、上杉房顕らの軍勢を相手に北関東を転戦中、駿河国（静岡県）守護の今川範忠に鎌倉を奪われたため、やむなく有力な支配地だった現茨城県古河市へ本拠を替えたのである。以後、成氏と、その子孫は一三〇年ほどにわたって古河城に御所を置き、「古河公方」と呼ばれた。

江戸時代になると、城主の家筋はたびたび変わったが、その地位に就くのは譜代の有力大名にかぎられていた。土井利勝、堀田正俊、本多忠良《ただなが》など大老あるいは老中を務めた者もいて、幕府がいかにここを重視していたかがわかる。

幕末には、もちろん存在しており、既述のように赤松宗旦は「今の古河城」と書いている。宗旦は廃城については古文献を引用したりして、あれこれ述べているが、古河城にはそれ以上の言及はない。「見れば、わかる」と考えていたのかもしれない。

最後の城主は土井利与《としとも》といった。嘉永四年（一八五一）の生まれで、昭和四年（一九二九）に没している。この人が亡くなるはるか前に、古河城は消滅していた。まず、明治初めの廃城令によって天守に当たる三階櫓《やぐら》などの建物が、ことごとく撤去された。それだけなら、ほかの多くの城跡のように、多少の遺構は残って城の構造くらいはしのぶことができたはずである。

しかし、明治四十三年（一九一〇）から一六年間にわたった渡良瀬川の拡幅工事と堤防のかさ上げで、城域のほとんどが河川敷の下になってしまう。それは関宿城の場合などとよく似ていた。もはや、跡形もなくなったのである。ただし、「諏訪郭《ぐるわ》」と称されていた重臣たちの屋敷跡（古河市中央町三丁目）などは、現堤防の外側にあったから、そこではいまも土塁や堀が確認できる。

古河城の本丸跡から南東へ一キロくらいに古河総合公園がある。この中に「足利公方館址《やかたあと》」の

明治3年（1870）に撮影された古河城の三階櫓
（古河城本丸跡碑わきの掲示写真より）

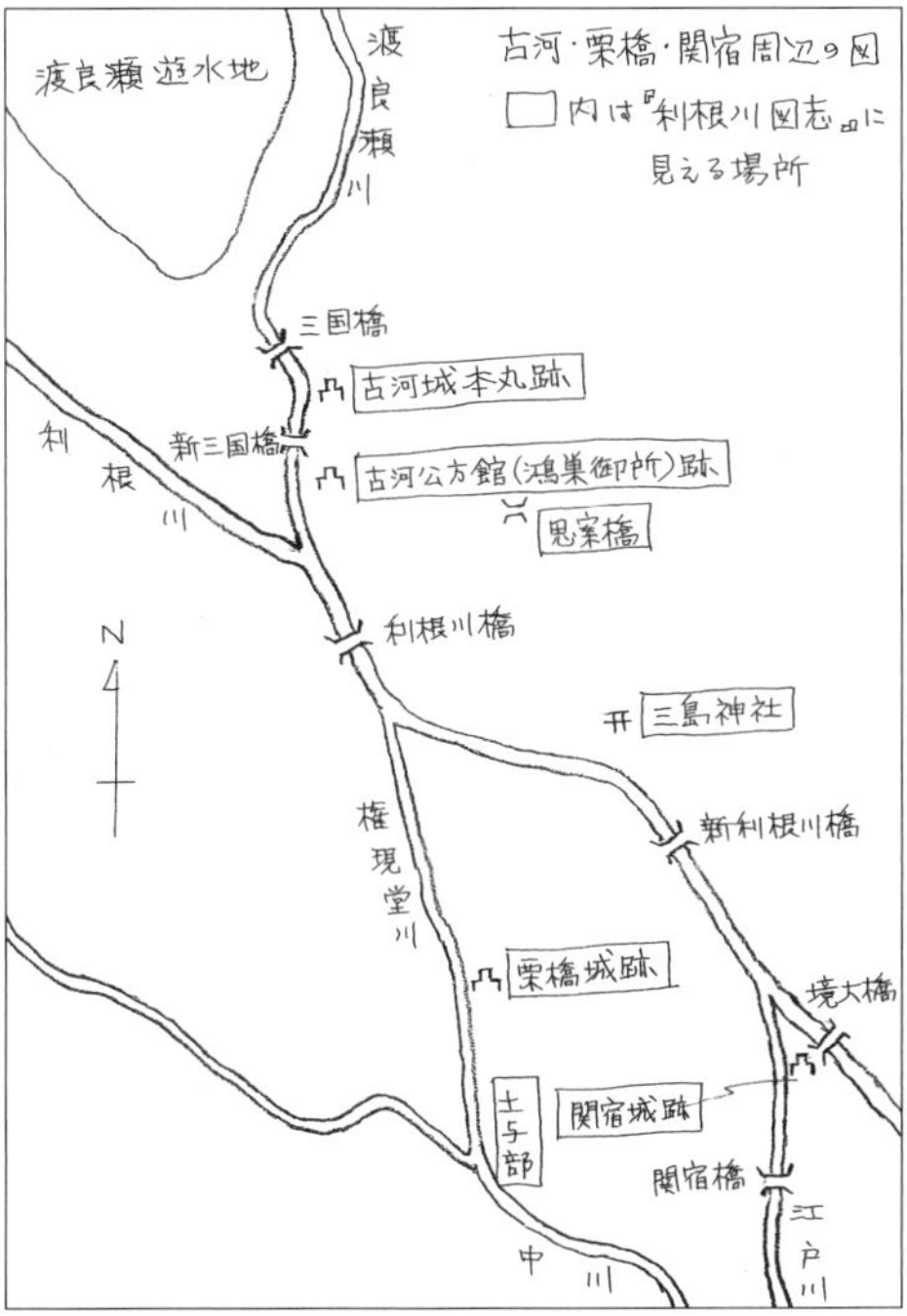

古河、栗橋、関宿周辺の概略図

碑が建っている。

公方館は、足利成氏が古河へ移座した際、築いたものらしい。その位置づけは必ずしも明確ではないようだが、本城の守りを固める支城であったかもしれない。至近距離に位置するため、二つながらで一つの防御施設を形成していたとする指摘もある。

『利根川図志』には、

「その名のみいひ伝ふ。畑にてその形も知れず」

と記されている。幕末には影もとどめていなかったのであろう。

だが現在では、こちらの方が城としての面影をよく伝えている。土塁や空堀の跡があり、いったん埋立てられていた堀跡「御所沼」も復元されているからである。


赤松宗旦が図志で取上げた利根川流域の上流側は、このあたりまでであった。本書が、その範囲を図志にならわなければならない理由はないが、図版を除く本文の紙数だけで、すでに四〇〇字詰め原稿用紙にすれば二五〇枚を超してしまった。しかも、紹介したいと思いながら、やむなく飛ばしたところも少なくない。

それに、まだ布川より下流の分がそっくり残っている。尻切れトンボの感は否めないものの、さらに上流への遡行はあきらめるほかない。「はじめに」で述べたように、次からは布川の先へもどって利根川を下っていくことにしたい。

第Ⅱ部●布川から潮来、銚子へ下る

二六　印西市木下《きおろし》

1　河岸は、いま跡形もない

本書が、まず取上げた場所は、『利根川図志』の著者、赤松宗旦の故郷、現茨城県利根町布川であった。その対岸が千葉県我孫子市布佐である。ここについても、すでに触れている。

布佐から一・五キロほど下流の、やはり右岸側に千葉県印西市木下がある。後半の記述は、この珍しい読み方の町から始めることにしたい。宗旦は地名の由来について、

「是《こ》は竹袋より利根に木を下《おろ》すの名なり」

としている。「木を下す」は木材や薪《たきぎ》類を、ここから「船に積んで出荷していた」の意だと思われる。そうだとすれば、各地の「木津《きづ》」に似た地名だということになる。

竹袋は、もとはここら一帯を含む村の名であり、図志に、

「古《いにしえ》この地纔《わずか》に十軒ばかりなりし」

とも書かれているように、雑木の林などがつづく寂れたところであったらしい。

木下は江戸時代になって、めざましい発展をとげる。布川や布佐に近かったにもかかわらず、

『利根川図志』所収の「木下河岸三社詣出舟之図」

川港として栄えたのは、利根川の舟運には産業としてそれだけの容量があったということではないか。

さらに、布佐と並んで銚子方面からの鮮魚を江戸へ急送する中継点に位置していたからでもあろう。利根川の渇水期には、しばしば船が関宿経由で銚子と江戸とを往復できなかったため、布佐または木下と江戸川とのあいだを陸送していた。

しかし一八世紀に入ると、布佐と現千葉県松戸市の納屋河岸《なやがし》とを結ぶ通称「鮮魚（なま）街道」の方が鮮魚輸送の主ルートになる。その結果、木下は観光船に新たな活路を求めたのだった。

船は「茶船《ちゃぶね》」といった。それは貸切の遊覧船で、たいてい八人乗りであった。木下茶船は、鹿島、香取、息栖《いきす》（いずれも利根川下流域の大神社）の「東国三社」や銚子を主な行き先にしていた。寛政元年（一七八九）には年に延べ四五〇〇艘を運航、一万七〇〇〇人の客を運んだと記録されている。江戸など遠くからの観光客も多く、そのための旅籠《はたご》、飲食店が合わせて五〇軒もあったという。

図志には「木下河岸　三社詣《もうで》出舟之図」が載っている。利根川の岸には二〇艘以上の船が浮かび、そこに面した河岸と、背後の水路の向こう側に何十軒もの家並みが見える。その中の大店には「カベナシヤ（壁無し屋であろう）」、「ミカドヤ（三角屋）」、「カハチヤ（河内屋）」などと注記されている。ちなみに、木橋の下は、手賀沼から流れ出た手賀川が利根川に合する直前の水路だと思われる。

これが一六〇年余り前の木下河岸だが、この風景は、いま完全に消滅して、本当に何も残っていない。そこはJR成田線木下駅の東北東八〇〇メートルくらいの利根川の堤防と河川敷になっている。大正時代の初めに始まった河川の拡幅と堤防のかさ上げ工事で、まず家並みの多くが移転し、つづいて跡地が土手と河原の下に埋まってしまったのである。

手賀川の最下流部は、その後も流れていたが、第二次大戦後に一部が暗渠化され、現在では河口までの一キロほどが埋立てられた。手賀川の水は、その上手に造られた国営の手賀排水機場と北千葉第一機場を通して利根川へ落とされている。

2　弁天川のほとり

手賀沼は千葉県我孫子市と柏市とを画して、東西に細長く延びた湖沼である。水はゆっくりと東へ向かって移動し、手賀川になる。手賀川は木下駅の一・五キロほど西で、いったん二手に分かれ、手賀排水機場の前で再び合流、県道4号（利根水郷ライン）の下をくぐって利根川へ落ちている。

二筋の流れのうち、北側を六軒川、南側を弁天川という。この二つの川の下流部沿いには、古い町並みの面影が多く残っている。わたしは初め、ここらあたりが旧木下河岸かと思っていたくらいだった。

実際、とくに弁天川のほとりには、『利根川図志』の木下河岸の絵に見える、水路（手賀川のもとの河口付近）に臨んだ家並みに似たところがなくはない。

弁天川の現河口すなわち手賀排水機場（機場《きじよう》とは、ひとことでいえばポンプ付きの水門である）から五〇〇メートルばかり上流の左岸に、六軒厳島《いつくしま》神社（現行の住居表示では印西市大森）がある。図志には、

「宮島勘右衛門といふ者あり。先祖は安芸（広島県＝引用者）の宮島より来り、此辺の地を多く開きしと云へり。今六軒新田に、安芸の宮島より移し祭りしといふ弁財天の社あり」

と記されている。「安芸の宮島」はいうまでもなく、海中の赤い大鳥居で知られる厳島神社の所在地、現広島県廿日市《はつかいち》市宮島町のことである。

六軒厳島神社の境内には、当地出身で大相撲の第二四代横綱だった鳳《おおとり》谷五郎（本名・滝田明、一八八七―一九五六年）の碑が建っている。鳳の像が陰刻された碑の上部の文字「不撓不屈」は、鳳の兄の孫に当たる俳優滝田栄氏の書である。鳳は大関時代に二度、優勝したものの、横綱昇進後は一度も賜杯を手にしておらず、その強さより角界きっての美男力士としての印象が強かったらしい。

令和元年六月下旬、わたしは弁天川沿いを歩いていて、岸につないであるボートの上に二〇本近い青竹の筒が置かれているのに気づいた。長さ一メートル、口の直径一〇センチ前後であろう。中の節《ふし》は当然、抜いてあるに違いなかった。わたしには、それがウナギの筌《うけ》であることがすぐにわかった。子供のころ、自分で浸けたことがあったからである。

ウケは地方によってはウエ、モジリ、ドウ、エビラなどとも呼ばれる。中にドバミミズや鶏肉、鶏の頭などの餌を入れておき、もぐり込んできたウナギを捕まえる漁具である。わたしが育った高知市あたりでは、竹ひごを筒状に編んだ筌が多く、だいたいは一方をふさいであり、反対側には入ったウナギが出られないように返しが付いていた。

それはともかく、ボートの筌は真新しく、いまも使っていることを示していた。弁天川は、とろんとした濁り水をたたえた堀のような川で、こんなところにウナギがいるんだろうかと思って眺めていたら、男性が声をかけてきた。のちにわかったことだが、この人は筌の持ち主で昭和十八年（一九四三）の生まれであった。男性は話し好きだった。

「わたしは、この川に合わせて一〇〇本くらい浸けていますよ。毎日、見まわるんじゃありません。冬は何ヵ月も、そのままにしておきます。夏は半月に一回ほどですかねえ。一〇日ちょっと前に上げたら、全部で六匹、入ってました」

男性は近くの自宅へわたしを案内して、そのウナギの写真を見せてくれた。どれも、かなりの大物ばかりである。

「いちばん大きいヤツは七五センチ、重さが八八〇グラムありました。たいてい自分で食べます

弁天川に浸けられているウナギ用の筌（うけ）

よ。売るときは、一匹で五〇〇〇円はもらいます。いま筌を浸ける人間は、わたしを含めて二人しかいません。よく連れていってくれと言われますがね、漁業権のこともあるし、お断わりしています」

「筌の口は両方とも開いているようですが」

「ええ、開いています。餌も入れません。ウナギは、あそこを寝床にしているから、そっと近づいていったら逃げませんよ」

ウナギが安心するほど長いあいだ沈めておくのかもしれない。わたしが子供じぶんの職業漁師は毎日、のぞいてまわっていたのではないかと思う。漁法に相当の違いがあるように感じた。

「この川では、四〇年くらい前までジャコやシバエビがたくさん捕れました。一日に二万円ほどになったもんです」

ジャコはモツゴ、シバエビはスジエビのことではないか。利根川下流域では、佃煮にして食べることが多かった。一部では現在も売られている。

「近ごろではね、サケも上がってくるようになりましたよ」

記録によると、手賀沼でサケが再確認されたのは平成十五年（二〇〇三）のことである。利根川を遡上中に迷い込んだといわれている。サケ（シロザケ）は、その後も毎年、手賀沼と、それに流入する大堀川や大津川で観察されている。かつて日本の湖沼の中で汚染度ワーストワンをつづけていた手賀沼も、環境意識の高まりで徐々にきれいになりつつあるらしい。

二七　手賀沼南方の「青葉茂れる里」——印西市結縁寺

半世紀ほど前に編集された国土地理院の地形図には、手賀沼というのが二つ見える。前項に記した湖沼と、そこから低い丘陵を南へ越した、ずっと小面積の湖沼とである。これは、大規模な干拓事業が始まる昭和二十一年（一九四六）まで、手賀沼は平仮名の「つ」の字の形をしたひとつづきの広大な沼だったからである。

しかし、事業が完成した同四十三年には北と南に二分されてしまい、もはや一つとはみなしにくくなった。それで、南の小さい方を「下手賀沼」と呼ぶようになり、いまでは地図にも、そう書かれている。

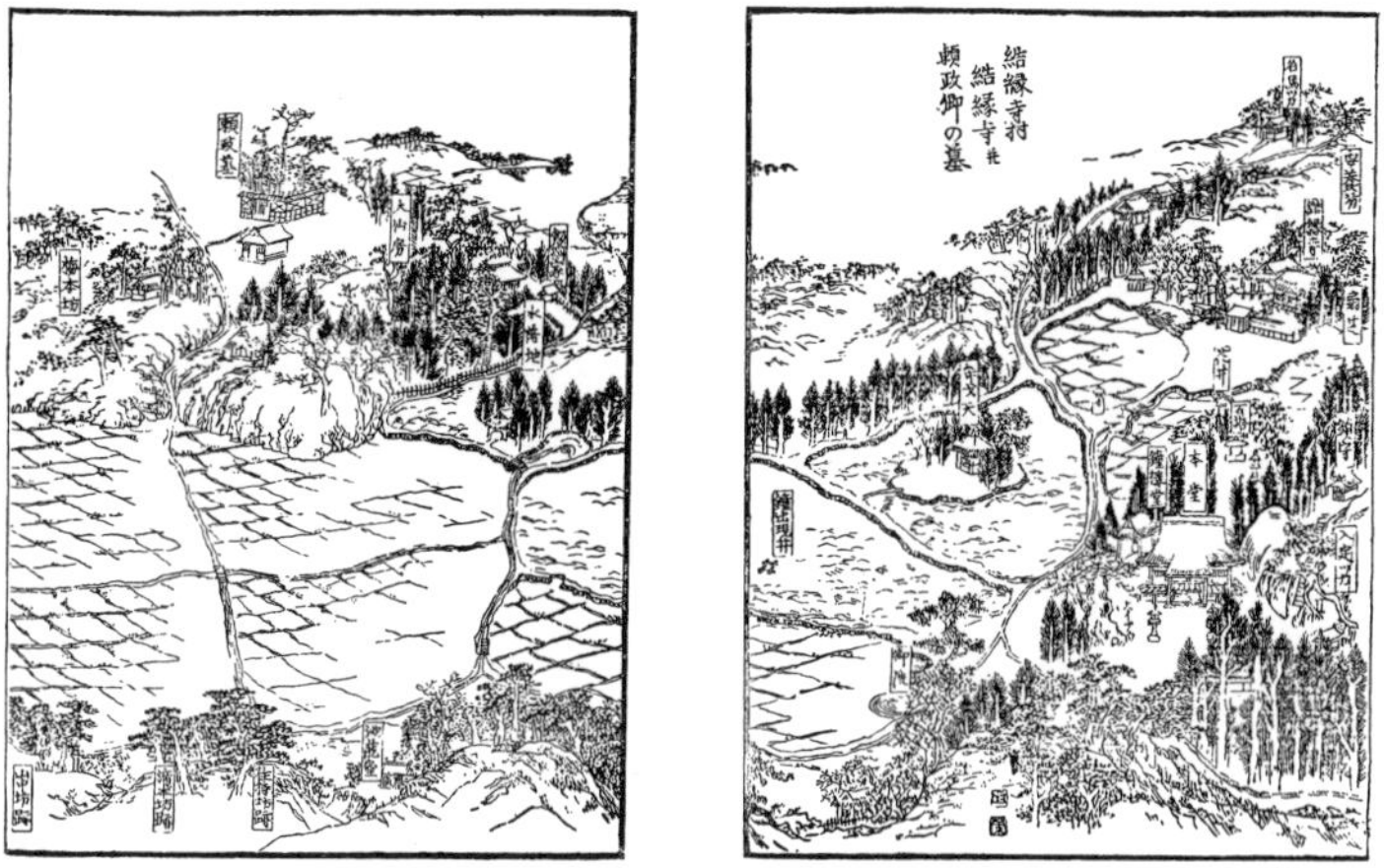

『利根川図志』に付けられている結縁寺村の絵

印西市結縁寺は、下手賀沼の南東六キロばかりの地名である。この地名は、同地の真言宗豊山《ぶざん》派結縁寺（けちえんじ、また、けつえんじとも。現在は無住）によっている。

『利根川図志』は結縁寺村のことをかなり詳しく紹介し、また細密な絵も載せている。記事は何ということはない。当時この村に残っていた（そして現存する）「頼政《よりまさ》塚」「名馬塚」「入定《にゅうじょう》塚」「頼政石塔」などにまつわる伝説の説明が中心である。いずれも、

現在の真言宗結縁寺

源平合戦期の武将、源頼政（一一〇四―八〇年）と結びつけているが、例えば入定塚が享保九年（一七二四）の造立であること一つとってみても、史実からはほど遠いことがわかる。

「頼政塚」「頼政屋敷」のたぐいが各地に珍しくないことは、柳田國男の『巫女考《ふじょ》』所収「頼政の墓」に詳しい。柳田は、その理由について、

「頼政という名の起原は、自分は巫童《ふどう》・巫女をヨリマシと呼ぶのと関係があるかと思う」

と述べている。口寄せなどにかかわった一種の宗教者「よりまし（憑坐）」の語がヨリマサ（頼政）に訛ったとしているのである。たしかに、弘法大師や行基にくらべれば、源頼政の知名度は格段に低い。その古跡があちこちに点在しているのは、かつて民間に広くいた巫女を呼ぶ語と混淆したためかもしれない。

その辺はともかく、赤松宗旦は結縁寺村に何か特別の思い入れがあったのではないか。地誌の編纂という立場から見た場合、何の変哲もないはずの同村に、絵を含めて不自然なくらい多くの紙数を割いているからである。

そんな疑問を抱きながら、わたしは結縁寺を訪ねてみて、

「これは、ちょっと類のないような村ではないか」

という印象をもった。

といっても、何か特別なところがあるわけではない。古い日本の里の景観が広がっているだけである。だが、そこが得がたいといえる。

ここのたたずまいは、一六〇年余り前の絵と大きくは変わっていない。結縁寺の堂宇・境内も、

そばの結縁寺池も、その中の小島に建つ弁天社も、氏神の熊野神社も、まわりの緑の里山も、そのあいだの谷地田《やちだ》も、だいたいは絵のとおりのように見えた。

そこには、けばけばしい建物もなければ、場違いな施設もない。江戸時代とか、明治、大正時代ごろの村の姿をよくとどめている感じがする。いや、これほどおさまりのよい風景の村は、すでに幕末には珍しくなっていたのかもしれない。宗旦は、そこに惹かれたのではないか。

しかも、ここは今日、首都圏屈指の大規模ニュータウンの一つ「千葉ニュータウン」に接しているのである。北総鉄道の千葉ニュータウン中央駅からでも南東へ二キロくらいしか離れておらず、近くには大学のキャンパスもゴルフ場もできている。それでいて、静謐《せいひつ》な空間は少しもそこなわれていない。

結縁寺は、財団法人森林文化協会と朝日新聞社による「にほんの里一〇〇選」にえらばれている。もっともなことだと思う。だが、それで訪れる人がとくに増えたわけでもないらしい。ここは観光地化するには惜しい場所である。

二八　川中島の四世紀——栄町布鎌《ふかま》

木下《きおろし》河岸から二キロほど下流で、かつて利根川は二つに分かれて流れていた。小さい方の将監《しょうげん》川は大正元年（一九一二）、洪水対策のため分流点で締めきられたが、いまでも堀のような形で満々と水をたたえている。この川は下流部で、印旛沼唯一の流出河川、長門川に合するが、土地に高低差がほとんどないから水が逆流してくるのである。

利根本流と将監川にはさまれた広大な中洲は、昭和三十年（一九五五）まで千葉県印旛郡布鎌村といった。東隣の安食《あじき》町と合併して栄町となったあとも、旧村域は「布鎌」と通称されることが多い。

布鎌は東西に細長い「木の葉」の形に似ている。といっても、その面積はばかでかく、東西六キロ、南北二・五キロばかりもある。

この、いわば川中島は、当然のことながら洪水の常襲地帯であった。毎年のように大なり小なり、水に浸かっていたのである。だから、長いこと人は住んでいなかった。本流左岸の布川村、右岸の安食村、その東側の酒直《さかなお》村などの草刈り場になっていた。「布鎌」なる地名の由来については諸説あるが、わたしは「布川の鎌入れ場」によるのではないかと思う。

ここに村が形成されるきっかけになったのは、寛文二年（一六六二）に始まり、同六年に完成した新利根川の開削工事であった。新利根川は、利根川の北側に、これと並行して造られた新川である。開削には、当時、計画されていた手賀、印旛両沼の干拓のため、そこへ流れ込む本流の水位を下げる目的があった。

小貝川の河口（利根川との合流点）から霞ヶ浦まで三三キロに及ぶ新川流域の農民たちは、多くが立ちのきを迫られる。代替地として与えられたのが布鎌である。

以来、布鎌住民の水との闘いがつづくことになる。彼らは、まず本流と将監川沿いに堤防を築いていった。中洲の外縁部には曾根（微高地を指す）、押付《おしつけ》（川の土砂が押しつけてくるところ）、押砂《おしすな》（右に同義）などの地名が残っていることから考えて、おそらく部分的には自然堤防ができていたろう。

しかし、それだけでは、どうにもならない。あいだに土手を造り、それで中洲全体を囲う作業を来る年も来る年もつづけたに違いない。堤防の延長は一二キロを超しているようである。

栄町布鎌の水塚（みづか）の上に建てられた住宅

いま布鎌を歩いてみると、周縁部の土手の上か、そのわきに民家が集中していることがわかる。田んぼは水に浸かっても、住家だけは何とか水損をまぬかれようとしたのである。寺院も神社も、そういうところに多い。

とはいえ、土手の上には、そうそう家は建てられない。人口の増加にともない、真ん中の圧倒的に広大な低地帯にも集落ができていった。そこの家々は、ほぼ例外なく「水塚《みづか》」の上に建てられている。

水塚は、通常の地面より一―三メートルくらい高く土盛《ども》りした土台のことである。出水時に水に浸かることを防ぐ工夫であることは、いうまでもない。二段にして、低い方には主屋、より高い部分には貴重品を納める蔵を建てることもあった。水塚の建設には多額の費用がかかったので、やたらに広く高くすることはできなかったのである。

水塚は、とくに利根川中、下流域の水系に臨んだ地域には珍しくない。今日でも、ちょっと注意していれば、いくらでも目に入る。だが、その中でも布鎌は格段に多いようである。周縁の土手沿いを除いた住宅のほとんどが水塚を築いているといっても過言ではあるまい。

ただし、その役割も、ようやく遠いものになりつつあるらしい。かさ上げされる一方の堤防によって、ここ七〇年ほどは大規模な水害に遭っていないからである。令和二年秋、布鎌の低地で農作業をしていた七〇歳前後とおぼしき女性に、

「近ごろでも、まだ水塚を新しく築くことがあるんですか」

と訊いてみた。そうすると驚いたことに、女性は、

「よくわかりません。わたしは水塚が、どんなものか知らないんです」

と答えたのだった。

まわりの家々は、みな水塚の上に建てられている。ただ、ここの水塚は一般に、そんなに高くない。たいていが一メートル未満のように見える。それが、かつてどんな役割をしていたのか、教えられないかぎり、よそから嫁に来た人は気づかず、気にもしないのかもしれない。

二九　中央商店街の荒廃――栄町安食《あじき》

布鎌の南側を流れる将監川に平行してＪＲ成田線が走り、そのあいだを国道356号が通っている。道路を東へ進んで長門橋を渡ると、安食の町へ入る。すぐ先で道は丁字路にぶつかり、左折すれば利根川沿いに銚子方面に向かう国道であり、右折すると成田に至る県道18号になる。分岐点には「安食交差点」の標識が出ている。

わたしが初めて、ここを車で走ったのは、いつごろだったろうか。はっきりとは思い出せないが、少なくとも二〇年にはなると思う。当時から、この信号のあたりは、とても印象に残るたたずまいであった。

通りに面した建物は大きくて、昔風の造りのものが多かった。それは、一帯が地域の町場の中心として繁栄していたことをうかがわせた。ただし、それもひとむかし以上も前のことで、すでに深刻な衰退が訪れていることが明らかだった。時代劇に出てきそうな板塀や格子戸は薄汚れ、ほこりにまみれていたからである。

その後、わたしは何度となく、ここを車で通り過ぎたが、立寄ったことはなかった。ゆっくりと歩いてみたのは、令和二年の秋が初めてだった。改めて気づいたことだが、商家が多い。いや、正確には「もと商家」である。ほとんどが店はとっくに廃業しており、開けていても客の気配はない。荒れるにまかされていたり、壁に蔦がからまっていたりする家や、空き地になっていたりする土地も目立つ。これほど容赦ない荒廃をあからさまに見せている通りは珍しいかもしれない。少なくとも、既述の布川《ふかわ》、宝珠花《ほうしゆはな》、関宿、木下《きおろし》などにはなかった。

安食もまた利根川の河岸の一つで、天保十三年（一八四二）には旅籠《はたご》、居酒屋、質屋、菓子屋が合わせて六六軒もあったという。明治になっても外輪船など、やや大型の船の寄港地として、むしろ江戸期よりも栄えていた。明治三十四年（一九〇一）、成田鉄道（JR成田線の前身）の開業後も陸上交通の要衝であったから、布川や関宿のように急激に寂れていったわけではない。

小説家の安岡章太郎は、エッセイ『利根川』の取材で昭和四十年（一九六五）に同行の二、三人とともに安食を訪ね、昼飯を食べるため「街道ぞいの川魚料理」の店へ上がっている。次は、その折りのことである。

「やがて、テーブルの上には、鯉こく、あらい、カバヤキ、その他、盛りだくさんに運ばれて、その強引さにアッ気にとられたが、

『さア、どうぞ』

と銚子を差出す女中さんの顔つきには、さらに驚かされた。赤いタスキに、前垂れ掛けのいでたちは、大正期の酌婦の風俗そのままで、まさしく『一本刀』（長谷川伸の戯曲『一本刀土俵入』のこと＝引用者）のムードであるが、真白く塗った顔と、袖口からにゅっと突出したシワだらけの渋紙色の手頸を見較べると、としはどうやら六十前後、もしかしたら大正時代からずっと同じ恰好で働きつづけている人のようにも見えた。それだけでもいい加減、ドギモをぬかれたが、同じような年配の、同じような恰好の女中さんが、あとから十人ばかりも押しかけて、べったり隣

栄町安食の安食交差点のあたり

に坐っては、

『お一つ、どうぞ』

と、左右から酒をつきつけられるのは、まったく閉口した。（中略）私が驚かされたのは、何よりも彼女らの年齢なのである」

安岡は、この挿話によって安食に若い者たちがいなくなったらしいこと、つまり町の寂れぶりを語ったのである。

しかし、わたしは、これを読んで、むしろ「ほほう」と思った。昼ひなか、たとえ六〇歳くらいだろうと、一〇人もの女性が客を待っていたことになる。店にまだ、それだけの従業員を置ける体力が残っていたのである。

この店が、どこにあったのか詳しい場所はわからないが、いずれにしろ安食交差点の近くであろう。あるいは、その真ん前に建つ二階建ての、もとの旅館であったのかもしれない。

ともあれ、いまから五五年ほど前には、そのような「料亭」が営業していたことは間違いない。安岡が存命で、この町の現在の凄惨な落魄ぶりを目にしたら、どんな文章をつづっただろうか。

三〇　印旛沼「佐久知穴《さくじあな》」のその後

『利根川図志』に「佐久知穴」と題した項があり、次のような文章で始まっている。

「印旛沼の広き所、吉高の東北七、八町沖の方に、大小の穴五つあり。その北なるを佐久知穴といふ。大きさわたり三間計《ばか》り、深さ知るべからず。水涌き出づる事、夥《おびただ》しく、水面より一、二尺も高く吹上ぐる故、遠くよりよく見ゆ。夏に至れば、この穴の内へイナ（鯔《ぼら》の小なるもの、長さ六、七寸）多く集まる（投網《とあみ》にて捕る）」（読みやすいように、岩波文庫版にはない読点、送り仮名を部分的に補ってある）

印旛郡吉高《よしたか》村（現印西市吉高）は赤松宗旦の母の実家があったところで、宗旦は父が死去したあと、数えの八歳から三三歳までここで過ごしている。印旛沼の埋立てで、いまは岸からだいぶん遠くなったが、幕末のころには沼に臨んでいた。

一町は一〇九メートル、一間は一・八メートル、一尺は三〇センチほどであり、「大小の穴」五つがあったのは、吉高の北東八〇〇メートルか九〇〇メートルくらいになる。いちばん北の佐久知穴は直径が五・四メートルばかり、深さは知れなかった。その穴からは水が大量に吹き出し、水面が三〇センチから六〇センチも盛り上がって見えたというのである。そこには六、七寸（一寸は、およそ三センチ）のボラの子が多く集まってきた。

宗旦は、ある日、友人との三人連れで小舟に乗り、佐久知穴へ向かう。投網を準備していた。着いたら、そこには普段から穴で漁をしている漁師が三人、舟をとめてたばこを吸っている。漁師は宗旦らに、

「今あみを打ちし所なれば、暫く待つべし。各々方は何程《なにほど》、投網の上手にても、此の佐久知穴の魚は一疋にても得る事かたし。今に我らが捕りて得さする程に見物いたすべし」

と言った。

宗旦らは、それは幸いと横に舟をつなぎ、竹筒に用意してきた酒を自分たちも飲み、漁師にも与えた。そうすると、先方は捕ったばかりのイナを一四、五匹ほども小刀でさばいて、酢みそをつけて食べさせてくれた。

「予、是を食するに、常の魚とは事かはり、その美味なることいふべからず」

宗旦は、そう感嘆したあと、

「一体、此の魚はとると直《す》ぐに死するゆゑ、一時《いっとき》の間も活け置くこと叶はず、故に川辺の者といへども、漁師ならでは生きたる魚を食ふことかたし」

と付け加えている。

漁師によると、佐久知穴はどこの漁場とも定められておらず、だれが網打ちしてもかまわない

が、慣れていない者には魚は一匹も捕ることは難しい、それで手慣れた者が打った網のうち、ひと網分の魚を分け与えるのが習わしとなっているということだった。

その慣例にしたがい、漁師は次に上げた投網の一回分を残らず、宗旦らに渡してくれた。家に帰って数えてみたら、一二〇匹か一三〇匹あったという。

印旛沼にそんなところがあった以上、そこが現在どうなっているのか、わたしとしては確かめずにいられなかった。しかし、取材はやや難航した。なかなか知っている人に会えなかったのである。ほぼ確実と思われる情報を得たのは、令和二年の十月であった。

印旛沼は、かつてはひとつづきの広大な沼だったが、第二次大戦後の干拓で面積が半分以下になり、北印旛沼と西印旛沼の二つに分割されている。宗旦が二五年ほど暮らしていた吉高は、北印旛沼の西部に近い。

ある日の正午前、わたしは北沼の西端に新しくできた物木《ものぎ》排水機場のそばで湖面を眺めていた。ちょうどそのとき、船外機を付けた細長い小舟が岸に向かって走ってくる。わたしは小走りに、その方へ駆けていった。

舟には、いずれも年配の男性が三人、乗っていた。何かの網を仕掛けて帰ってきたようだった。わたしは、岸に上がった三人に訊いた。

「佐久知穴というのが印旛沼のどこかにあったと思いますが、ご存じありませんか。底から水がごぼごぼ湧いていたそうですが」

「それは、もうなくなりましたよ」

中の一人が教えてくれた。のちにうかがったところでは、この人は昭和十七年（一九四二）生まれだということだった。

「いまはね、田んぼになっています」

と言って、その詳しい場所を指さしながら説明してくれた。

「穴の直径が五メートルほどもあったと本に書いてありますが」

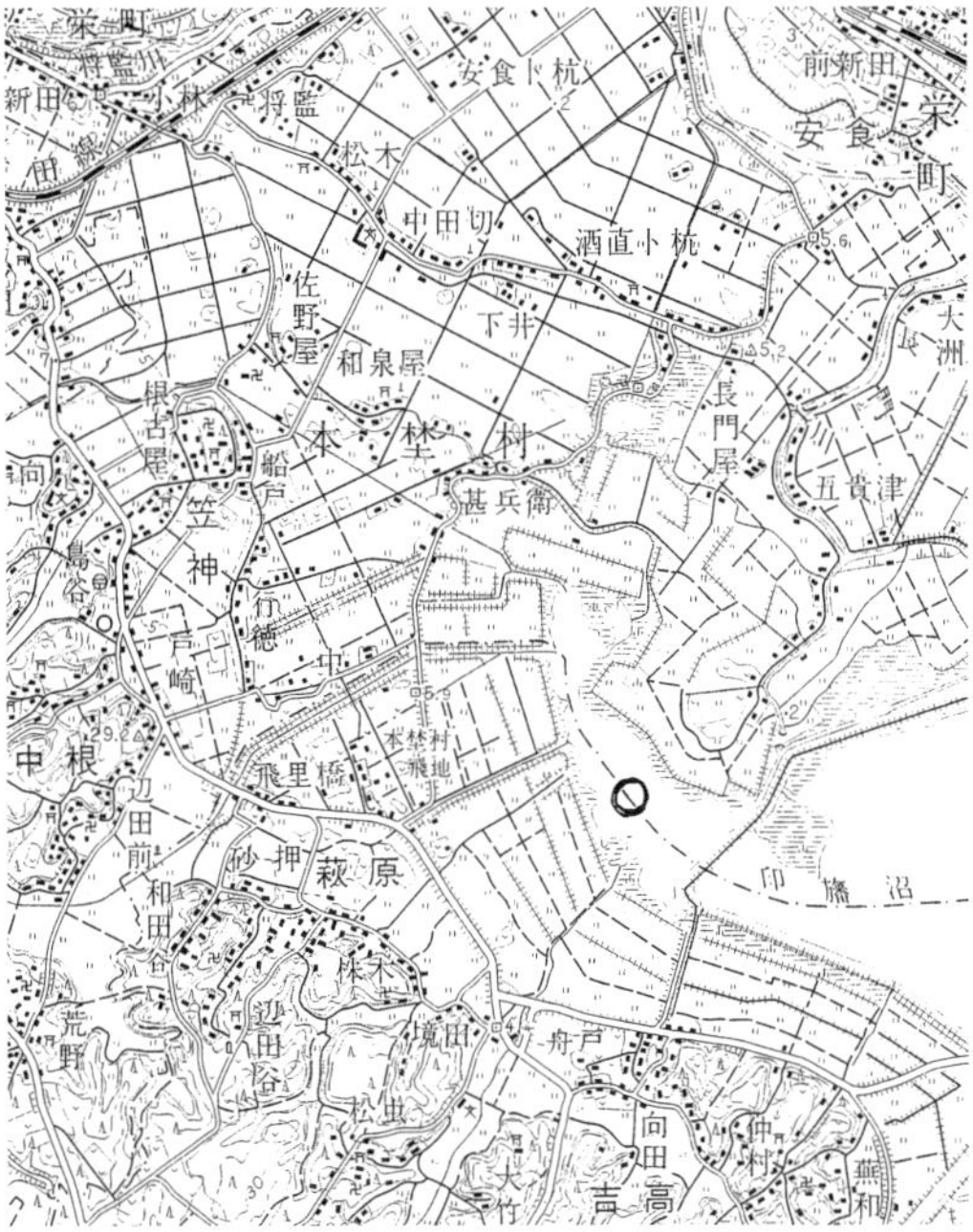

昭和44年編集、同47年修正の5万分の1図「佐倉」の右上部分。佐久知穴は○印のあたりにあった。その右下で沼を横切っている線は、造成中の堤防である。

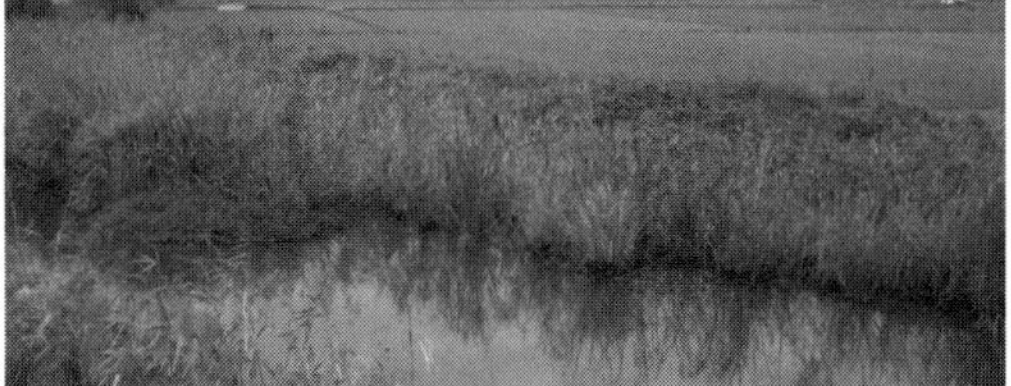
手前の水路（物木落）の向こうに佐久知穴があった。いまは田んぼになっている。

「いや、自分が見たころには、これくらいしかなかったなあ。ただ、水は澄みきっていて、底の砂が見えましたよ」

男性は手で四、五〇センチばかりの輪をつくった。

「いま生きてたら一〇〇歳くらいの人から聞いたんだが、まわりにボラの子がたくさん集まってたって話です。だけど、自分は、そんなところは見たことがありませんねえ」

男性が目撃したのは、消滅する寸前の佐久知穴だったようである。

物木排水機場のわきで、「物木落《おとし》」という水路が印旛沼に流れ込んでいる。四キロ余り北西の印西市物木から水田のあいだを縫って流れてくる農業用の水路である。

排水機場の前から、この用水沿いに北西へ七〇〇メートルほどさかのぼると、沼北橋《ぬまきた》がかかっている。先の男性によると、佐久知穴は、このすぐ北側（現行の住居表示では印西市長門屋《ながとや》）にあったらしい。現在、一帯は見渡すかぎりの田んぼで、もちろんそれとおぼしき跡は片鱗も残っていない。

近くで農作業をしていた昭和四十二年（一九六七）生まれの男性は、沼のことは全く知らないと前置きしたうえで、

「まだ小学校へ上がる前のことだが、地面がくぼんで中に入ると、蟻地獄のようにずるずるすべる場所があったことを、かすかにおぼえています」

と話していた。

その隣の水田でトラクターを運転していた同二十四年（一九四九）生まれの男性も、穴のこと

は知らなかった。この人は長いことタクシーの運転手をしており、農業を離れていたせいもあるかもしれない。男性は目の前の田んぼを指さしながら、

「あのあたりは以前、いくら土を入れても、しばらくするとまた、へこんでいた。不思議に思いながら、何度か土を運びこんだものです」

と言っていた。

ここらあたりは、吉高の北端の舟戸《ふなど》集落から北へ一キロ前後になる。図志の記述にある「吉高の北東八〇〇か九〇〇メートル」と大きくは食い違わない。右に紹介した人びとの話と合わせ考えると、佐久知穴は沼北橋の北側にあった可能性がきわめて高いといえるのではないか。

印旛沼の干拓事業は、昭和四十四年に竣工したとされている。わたしの手元には、ちょうどその年に編集され、同四十七年に修正された国土地理院発行の五万分の一地形図がある。この地図では、まだ沼北橋の周辺は沼の中になっている。ただし、土地の状況が地図に反映されるまでには一定の時間差があるはずだから、昭和四十四年とか四十七年には、すでに陸地化していたかもしれない。

実際、地図をよく見ると、今日の湖岸に当たるところに堤防を示す長い線が書き込まれており、その外側の干拓が始まる直前であったことがわかる。線上には鋼矢板か何かが打ち込まれていたのではないか。

なお、佐久知穴など五つの穴は伏流水の湧き出し口だったと思われるが、どこから、どんな地下水脈を通って吉高の北方で湖底に湧いてきたのか、わたしには全くわからない。

三一　小さな名古屋と中世城郭——成田市名古屋

「ナゴヤ」の地名で最も有名なのは文句なしに、

・愛知県名古屋市

である。その次は豊臣秀吉が朝鮮侵略に際し、前線基地として築かせた名護屋《なごや》城の所在地の旧称、

・肥前国松浦郡名護屋（現佐賀県唐津市の一部）

ではないか。だれしもが知っているナゴヤは、まあ、こんなところであろう。しかし、ナゴヤという地名は各地になかなか多い。

・千葉県成田市名古屋

も、その一つである。ここは栄町安食の東一二キロほどに位置しているが、利根川の右岸（東岸）からは三キロ余り離れている。本節では、この地名の由来について考えてみたい。

当地には「助崎《すけさき》城」という、中世の城跡がある。千葉六党の一つ大須賀氏が築城したとされているが、その時期ははっきりしない。本曲輪（本丸）は、村の南端の舌状に突き出した丘の上にあった。比高差は二〇メートル前後であろう。現在、建物の土台や石垣などは残っていないもの

成田市名古屋の助崎城を南方から望む。家臣団の居住域（根小屋）は、この丘の北方にあった。

の、空堀の跡がそこここに明瞭に認められる。

本曲輪の下から車一台が通れる程度の道が、おおむね北へ向かって延びている。両側には、どっしりとした古格な感じの家々が目立ち、いかにも中世の城下の村といった雰囲気がある。この通り沿いは、かつての家臣団の居住域だったと思われる。そのうちの、本曲輪から北へ三〇〇メートルくらい、字内宿《うちじゅく》のK家の現当主は、

「どんないきさつがあったのか知りませんが、本丸のあたりの土地は、おおかたがうちの所有になっています」

と話していた。付近には、同じ姓の家が少なくない。おそらく、大須賀氏の家臣一族の子孫の方々ではないか。

平凡社の『千葉県の地名』によると、名古屋には「城《じょう》ノ腰」「登城《とじょう》二ノ丸」「登城御《お》茶口《ちゃぐち》」「館《たて》ノ内」「城山《じょうやま》下」「根《ね》古屋《ごや》」などの地名が残っているという。ただし、すでに日常生活では使われていないものが多

いらしく、先の男性はそれぞれが、どのあたりか知らないと言っていた。

ともあれ、右のうち名古屋の由来をさぐるうえで重要なのは「根古屋」である。ネゴヤは本来は「根小屋」と書くべき言葉で、中世の城下町ないしは城下村を指す。それをもっとも端的に示す例として、

・千葉県匝瑳《そうさ》市飯高《いいだか》字城下《ねごや》

が挙げられる。

「根」は根方すなわち城下のこと、「小屋」は城の建物群にくらべたら小さい家の意であろう。ネゴヤの地名は、とくに東日本に珍しくない。この近隣で五万分の一図に載っているものにかぎっても、

・成田市下方《したかた》字根古屋
・同市小菅字根古屋
・千葉県印旛郡酒々井《しすい》町本佐倉《もとさくら》字根古谷
・同県八街《やちまた》市根古谷
・同県我孫子市中峠《なかびょう》字上根古谷、下根古谷
・茨城県牛久市城中《じょうちゅう》町字根古屋
・同県稲敷郡美浦《みほ》村大谷《おおや》字根古屋

などがある。

その数は全体で数百以上にのぼると思われる。わたしは、これまでに数十のネゴヤを訪ねたが、

そばに城跡がないところは一ヵ所もなかった。

ナゴヤとネゴヤは音が近い。成田市名古屋には現に城があり、根古屋の地名もあった。これらのことから、名古屋は根古屋（根小屋）の訛りと考えてまず誤りあるまい。

それでは、愛知県の県庁所在地にも同じことがいえるだろうか。わたしは、これには否定的である。理由は二つほど挙げられる。

まず、ネゴヤの地名は東日本に偏在していて、わたしが確認できたかぎりでは、

・愛知県新城《しんしろ》市豊島字根古屋

が西限のようだが、名古屋市はここより西になる。

次に、根小屋なる言葉は中世後期の室町時代ごろに生まれたか一般化したらしいのに、名古屋市の地名は平安時代末の資料に「那古野荘《なごや》」として見えるということがある。ただし、これだけでは根小屋が語源ではないともいいきれない。

ちなみに、福島県会津若松市には、かつて「名子屋町《なごや》」と呼ばれる町が何ヵ所かあった。これは「名子」の居住地に付いた名である。名子は一種の隷属民で、独立した人格を認められていなかった。二〇世紀になっても、貧しい小作農民を指して、そう称することもあった。名古屋市の由来は、これだとする説もあるが、それを裏づける証拠はない。

・高知県高岡郡日高村名越屋《なごや》

は四国有数の河川、仁淀《によど》川の屈曲部に突き出した半島のような土地の地名である。仁淀川は、もとは「贄殿《にえどの》川」といい、朝廷への贄（貢ぎもの）の魚とくに鮎を捕った川であった。殿は、そ

れを納めておく建物である。したがって、ここの場合、ナゴヤは「魚小屋《なごや》」の意であったかもしれない。名古屋市の古称「那古野荘」も古くは海に面していたようであり、「魚小屋」が語源の可能性もありえるのではないか。もっとも、これにも何らの証拠もない。

三二　利根川下流域と東京・四谷《よつや》を結ぶ糸

•東京都新宿区四谷（JR中央線の駅名では四ツ谷）は首都のど真ん中に位置するだけに、よく知られた地名である。由来については、

①四軒の茶屋があったことによる。

②地内にあった四つの谷（ヤ）から付いた。

の二説が代表的であろう。

それぞれが茶屋の名前を四つ並べたり、近隣の四つの谷《や》（ヤはヤツ、ヤチともいい、東日本にのみ存在する言葉で湿地帯を意味する）を列挙したりしている。この指摘に対しては、挙げられた茶屋の開業が地名の成立より新しいとか、なぜ特定の谷だけをえらんで四つとしたのか説明がつかないなどの理由で、右を否定する人もいる。

本書では、東京の四谷だけを観察するのではなく、ほかのヨツヤ地名をいくつか合わせ調べることによって、その由来をさぐってみたい。

利根川の下流域には、次に示すようにヨツヤの地名が少なくない（中央線の駅名では四ツ谷のツは、ふつうは大きい「ツ」を使っているようだが、以下の地名では慣例にしたがい小さい「ッ」を用いてある）。

- 千葉県成田市四谷（前節の同市名古屋の二キロほど西に位置する）
- 同県印旛郡栄町四ッ谷（布鎌のうちの一集落）
- 茨城県稲敷郡河内町生板《まないた》字四ッ家
- 同県稲敷市余津谷《よつや》
- 同市四ッ谷

初めの二つは利根川の右岸（南岸）に、あとの三つは左岸になる。いずれも国土地理院の五万分の一図に載っている。

五つとも、ごく小さな集落で、今日でもせいぜいで数十戸にすぎない。地域も狭く、東京・四谷について挙げた二つの説では、とうてい由来の説明にならないことは明らかであろう。

結論からいえば、これらは「四軒の家」を意味する地名である。つまり、本来なら「四つ家」「四つ屋」と書くのが正しい。それだけの家数が建ち並んだとき、まわりの人びとが「よつや」と呼びはじめて地名になったのである。次は、それを裏づける地名だといえる。

- 茨城県稲敷郡河内町生板字三ッ家《みや》

河内町三ッ家の氏神「皇（すめらぎ）神社」。皇大（こうたい）神社ともいう。境内の記念碑には1686年ごろの創始だと記されている。立村は、この直前ぐらいであろう。

- 同県稲敷市下根本字三ッ家
- 同県龍ヶ崎市川原代《かわらしろ》町六《む》ッ谷《や》

それぞれ「三軒の家」「六軒の家」を指すことは、いうまでもない。

とくに河内町生板の四ッ家と三ッ家は隣り合っている。これは、四軒の方を四ッ家、三軒の方を三ッ家と名づけた可能性が高く、おそらくほぼ同時期にできた地名だと思われる。

同趣旨の地名があるのは、むろん利根川べりにかぎらない。

- 福島県耶麻《やま》郡猪苗代町三ッ家

も、その一つである。ここは寛文四年（一六六四）に近くの農民たちが開いた新田村で、文化六年（一八〇九）成立の『新編会津風土記』によると、戸数は四であった。すなわち、初め三戸の農家が入植したから「三ッ家」の地名が付き、百数十年後には四戸になっていたことを示している。現在でも一〇戸に満たない小ぢんまりした集落である。

ほかにも「ヒトツヤ」「フタツヤ」などはたくさんあるが、五軒以上は、

・愛知県大府《おおぶ》市共和町五ッ家下《いつやした》、同市長草町五ッ屋東（ただし、ともに平成二十三年の町名変更で消滅した）

・富山県南砺《なんと》市福野字七ッ屋

・愛知県豊明市二村《ふたむら》台の八ッ屋

など、ぐんと数が少なくなる。「ココノツヤ」については、わたしは気づいていない。これは軒数が多くなると、すぐには数えきれないことと、その前すでに地名が付いているからであろう。それでは、東京の四谷も右の例と同じ動機で付いたといえるのだろうか。わたしは、そう考えて何ら問題はないと思う。この地名の資料上の初出は、確実なところでは江戸時代の初めらしい。それまで、武蔵野の一角を占めるこのあたりは草深い田舎であった。そこに四軒の家があり、だれいうともなく「よつや」と呼びはじめたのである。

ところが、江戸が日本の新たな首都になったため、四谷周辺も急速に開けていく。人間が集まり、家が増え、さらに地名が含む範囲も拡大していったのである。江戸中期には茶屋の四軒くらいはできていたろう。谷（ヤ）も四つではきかなかった。しかし、もとの四谷は、あくまで四軒の家があるだけの小さな集落の名であったに違いない。

三三　新利根川――小貝川河口から霞ヶ浦まで

前にもちょっと触れたように、新利根川は利根川本流の左岸（北岸）を流れる純然たる人工河川である。その「源頭」は茨城県北相馬郡利根町布川字押付本田《おしつけほんでん》とされている。これは、新利根川が開削された当時、ここから利根川の水を新川に引き入れていたからであろう。しかし現在では、ここより三キロくらい北の小貝川に設けられた豊田堰から導水している。

新利根川の開削工事が始まったのは寛文二年（一六六二）、完成は同六年であった。その主な目的は右岸側の手賀沼と印旛沼を干拓するため、この両沼へ流入する水量を減らすことにあったらしい。バイパスを造れば本流の水量が落ち、沼の湖面も下がると考えたのである。

しかし、実際には思いどおりにならなかっただけでなく、新川流域に洪水が頻発する結果を招いたのだった。さらに、水路が直線に近かったから水が涸れやすく、増水時には流れが速くなり、舟運にも適さない。要するに、副作用ばかりが大きくて、わずか三年後の寛文九年（一六六九）には取水口をふさいでいる。

新利根川の河口は、そこから三三キロほど東の霞ヶ浦の最南端、茨城県稲敷市上須田字押堀《おつぼり》にある。いま川沿いを車で走っても一時間くらいかかる距離を、重機もない時代に足かけ五年がかりで掘り抜きながら、たった三年で放擲したことになる。それは究極の無駄骨だったのだろうか。

これが、なかなかそうではない。以来、少しずつ改修を加え、堤防をかさ上げし、支流の水路

広い空の下で水量ゆたかに流れる新利根川

を整備し、それが洪水によって水泡に帰すといったことを繰り返しはしたが、第二次大戦後の大規模な工事の結果、流域が県内屈指の穀倉地帯に変貌したからである。どの過程の計画と工事の際も、常に背骨の役割をになっていたのが新利根川であった。

直線の人工河川というと、いかにも味気ない感じを抱く人も少なくあるまい。安岡章太郎も『利根川』で、

「いま見ても、新利根川は川というより霞ヶ浦と手賀、印旛の三つの沼にかこまれた細長い沼みたいに思われる」

と述べている。

わたしは全く違う印象を受けた。新利根川は実用性うんぬんを別にしても、捨てがたい風情を残した川のように思われる。

最上流部は幅二メートル余りのコンクリートの水路である。やがて草におおわれた小流れに

なり、七、八キロばかり下流から先は数十メートルの川幅いっぱいに水をたたえた、どちらに動いているのかはっきりしないようなゆったりとした流れが、視界の果てまで真っすぐに延びている。水が豊かなのは、霞ヶ浦の湖面と高低差がほとんどなく、水が逆に上がってくるからであろう。

新利根川は、本流などにくらべてずっと堤防が低い。本流はすでに流域住民にも「見えない川」になっているのに、新川はそうではない。家々の二階からなら、すぐ前に川面が眺められる。堤防上には主要道とは別の道が通じていて、そこに立てば川も川沿いの集落も、その向こうの水田も一望できる。田んぼは、はるかかなたの、平面よりわずかに盛り上がった山なみまでつづいている。こんなに空が広々とした景色は、わが国では北海道を除いて、ほかにはほとんどないかもしれない。

流域には観光施設は、いっさいない。観光地化の試みも全くされていない。それでもというか、それだからこそか、とにかく意外な見どころになっているように、わたしには感じられた。

三四　縄文時代以来の古村《こそん》──利根町立木《たつぎ》

新利根川三三キロ沿いの低平地に点在する集落は、いずれも歴史は新しい。だいたいは江戸時代の立村である。惣新田、加納新田、太田新田、桑山新田など「○○新田」の名の地名が目立つのは、そのことを示している。新田《しんでん》は、江戸期に開発された村に付けられた名である。それはまた、各村の氏神（鎮守）を見てもよくわかる。広大な境内、大きな社殿、発達した森をもつ氏神はまずない。それだけの体裁をそなえるには長い年月を要するのに、まだ立村からの日が浅いからであろう。洪水との闘いで、とても氏神にまで手がまわらなかったということもあるかもしれない。中には氏神と呼べるものがないところも、珍しくないほどである。

これに対して、近隣の数少ない台地の村々は、おおむね開発が非常に古い。茨城県北相馬郡利根町立木も、その一つである。立木は、流域中で最も新利根川に近い台地の集落だといえる。その距離は一〇〇メートルくらいしかない。

立木は、東西に細長い比高差二〇メートル前後の台地の南東端に位置している。東西五キロ、南北は最大で一・五キロほどのこの台地は、いつのころまでかはっきりしないが、沼沢中に浮かぶ島であったらしい。その端の立木は、おそらく一〇〇〇年前には沼に面していたのではないか。立木には、蛟罔《こうもう》神社という古い神社がある。「蛟罔」は元来は「みづち（みつち）」と読んでいたが、なかなかそうは読めないためであろう、いまはふつう「こうもう」と称している。ミヅチ（ミツチ）は「水《み》つ霊《ち》」の意で、蛇に似た想像上の動物として表される。つまり、同社は水の神を祀っていることになる。

蛟罔神社は、一〇世紀前半成立の『延喜式』神名帳《じんみょうちょう》に名が載っている。一〇〇〇年以上も前、すでに京都の中央政府に地域の大社と認められていたのである。現在の社殿は、村の東寄りの丘

利根町立木の蛟罔（こうもう）神社の門ノ宮。縄文時代の貝塚の上に建てられている。

の上（立木八八二）に建っている。境内は広く、社殿は立派である。このような結構の神社は、新利根川流域の低地には一つもない。

実は、こちらは「奥ノ宮」と呼ばれ、社伝によれば、いつのころか不明ながら、西へ六〇〇メートルばかりの旧地から遷座したものだとされている。もとの場所には「門《かど》ノ宮《みや》」が現存しており、こちらが元宮であると考えられる。

やはり社伝によるが、旧地に水の神が祀られたのは、紀元前二八八年だとされている。こんな話を聞くと、

「馬鹿ばかしい」

と一笑にふす人が少なくあるまい。たしかに、紀元前二八八年の数字は全くの眉つばであろう。しかし、その当時いやもっと前から、ここに水神が祀られていた可能性は十分にある。

門ノ宮は、縄文時代後期（三二〇〇—四五〇〇年前）の立木貝塚の中央真上に建っている。

同貝塚は、シジミ貝を主とする大貝塚で、一〇〇個以上の土偶《どぐう》(土人形)が出土している。土偶は神をかたどった造形品である。

貝塚は決して、ただのごみ捨て場ではない。第三節の1で取上げた茨城県取手市小文間の中妻貝塚からは、九六体の全身人骨がぎっしり詰まった土壙《どこう》が発見されたことは既述のとおりである。それは今日の墓とは違う。遺体を白骨化させて丁寧に洗い、中に並べたと思われる。そうやって、人びとは先祖の霊を神の世界へ送り出したのである。立木貝塚から大量の土偶が出土したのも、そこが信仰の場でもあったことを示している。

門ノ宮は一〇世紀には、もう地域の代表的な神社になっていた。それは、神を具象化した土偶が散在する貝塚の上をえらんで建てられた水神社であった。ということは、ここの住民が前面の沼で淡水漁業を営んでいたからに違いない。

その生業は縄文時代から奈良時代あるいは平安時代ごろに至るまで、そう大きくは変わらなかったのではないか。ただし、その間に貝類よりは魚類に頼る暮らしに移っていったと考えられる。その後、まわりの沼沢地が徐々に陸地化していくにしたがい、村人は農業へも進出していったろう。

紀元前、どんな名で呼んでいたかはともかく、門ノ宮が建つ場所に水の神を祀っていたという伝説は、必ずしも夢のようなたわごとともいえないと思う。

三五　金江津《かなえつ》は、なぜ千葉県に属していたか――河内町金江津

茨城県と千葉県とは原則として、利根川によって画されている。すなわち、左岸（北岸）が茨城県、右岸が千葉県である。ただし、第四節で記したように、

- 鬼怒川との合流点の上流　左岸が千葉県野田市木野崎
- 大利根橋の下流　右岸が茨城県取手市取手、同市小堀《おおほり》
- 水郷大橋の上流　左岸が千葉県香取市石納《こくのう》、同市野間谷原《のまやわら》
- 水郷大橋の下流　左岸が千葉県香取市佐原など

の四ヵ所では、それが逆になっている。その理由は、瀬替え（河道の付替え工事）や干拓などで流路や川の中心線が変わったからであった。

ところが茨城県稲敷郡河内町金江津は、そのような事実が知られていないのに、明治三十二年（一八九九）まで千葉県に属していた。まだ利根川下流域には橋もなかった時代、広い川をはさんで対岸の県の一村（当時は金江津村といった）であることは不便が多かったためであろう、茨城県へ移されたのである。なぜ金江津は、江戸時代までは下総国《しもふさ》、明治になってからは千葉県域とされていたのだろうか。

利根川下流域の村々は、前節で紹介した利根町立木のように台地上に位置して非常に古い集落と、まわりの低地に江戸期になって開発された新しいものとに大別できる。しかし金江津は、そ

古代の香取の海の概念図。おおよその地理を示したもので、厳密な地図ではない。

のどちらでもない。立村は、おそらく鎌倉時代ごろだと思われる。

昭和五十七年（一九八二）、地区の北東端の字新島《しんしま》で板碑《いたび》（平たい石に梵字などを刻んだ一種の供養碑）の破片五つが発見され、鑑定の結果、鎌倉時代末ごろの製作であることがわかった。出土地には地蔵堂、念仏堂があり、そばに大きな建物の礎石が残っていた。すぐ北側には近隣住民の共同墓地も現存する。これらのことから、そこは名称不明の廃寺跡だと推定されている。板碑が立てられたころには、金江津には寺があり、村ができていたはずである。

金江津は、いま利根川左岸に面しているが、ほかの同じような場所と違って土地がかなり高くなっている。いわゆる曾根（微高地を指す地形語）だといえる。だから、かつては旱害にみまわれることが珍しくなかったという。とはいえ、そのせいで早くから人が住めたのであろう。

常陸国や下総国が置かれたのは、七世紀の後半ごろであったらしい。その境は、鬼怒川と小貝川および「香取《かとり》の海」（土砂の堆積や干拓が進む前の霞ヶ浦を含む、ひとつづきの広大な内海を指して使われる用語）の南縁部と定めていたようである。鬼怒川と小貝川は今日、別の河川になっているが、これは鬼怒川の瀬替えの結果であって、もとは茨城県常総市水海道《みつかいどう》の下流で合流し、一つの流れとなって香取の海へ注いでいた。

八世紀成立の『常陸国風土記』には、

「信太《しだ》の郡《こおり》　東は信太の流海《ながれうみ》、南は榎《え》の浦の流海、西は毛野《けの》河、北は河内の郡なり」

のくだりが見える（原漢文。読下しは岩波書店「日本古典文学大系」本による。以下同じ）。

この記述には少し方位のずれがあるものの、常陸国信太郡が南を「榎の浦の流海」に限られていたことがわかる。榎の浦の流海は、おおよそのところ現金江津の北方で西に深く切れ込んでいたらしい。これに誤りがないとすれば、金江津は榎の浦の流海（香取の海の南縁部）より南に位置していたことになる。当然、所属は下総国であった。

既述のように、そのころ利根川は、ずっと西方を流れて、いまの東京湾へ流入していた。これが金江津の前を東流するようになったのは、江戸初期のことである。利根川のもととなった旧鬼怒川（毛野河）は、すでに村の南を東へ下っていた。つまり、八世紀から一六世紀までのあいだに、常陸・下総両国の境界をなす川あるいは湖沼は金江津の南側へ移っていた可能性が高いことになる。そう考えないと、明治三十二年まで金江津が千葉県域に入っていた理由の説明がつかないのではないか。

金江津のあたりは東西に細長い、高さ三メートル前後の自然堤防を形成している。これに対して、北の方は幅二、三キロほどのべったりとした低平地である。ここに散在する村々は、いずれも江戸時代以後の開発であった。その中には新利根川沿いも含まれている。わたしは、この低標高の土地こそ、かつての榎の浦の痕跡だろうと思う。

三六　霞ヶ浦と、その周辺

1　日本で二番目に大きい湖

湖沼の面積は、資料によってさまざまな数字が挙げられている。これは測定技術上の問題というより、範囲など前提の置き方が違っているためではないか。いずれであれ、その辺のことに深入りするのは本書の目的からはずれるので、以下ではあえて概数を記すことにしたい。

茨城県南東部の霞ヶ浦は、なかなか複雑な形の湖である。しかも、その定義が広狭二つに大別される。北西側に位置する最大の西浦のみを指す場合もあれば、これに河川でつながる北浦、外《そと》浪逆浦《なさかうら》を含めることもある。さらに、あいだの河川まで面積に入れた数字も見られる。

しかし、西浦だけでも一七〇平方キロほどあり、これは琵琶湖に次いで日本では二番目の大きさになる。北浦、外浪逆浦、中間の常陸利根川などを合わせると、およそ二二〇平方キロとされている。これでも琵琶湖のおよそ六七〇平方キロに比べたら三分の一くらいにすぎない。琵琶湖は、それほど突出して大きいといえる。

ちなみに、三番目は北海道のオホーツク海沿いの汽水湖・サロマ湖であり、四番目は福島県の猪苗代湖、五番目は鳥取・島根両県にまたがる中海《なかうみ》である。

稲敷市浮島の湖岸から霞ヶ浦を望む。

古代の霞ヶ浦一帯を、

「香取の海」

と呼ぶことがある（『万葉集』に見える「香取の海」は琵琶湖の一部を指している）。

これは後世の言い方らしく、八世紀成立の『常陸国風土記』には地域ごとに別の名で出てくる。すなわち、いまの西浦に当たる部分は、

・信太《しだ》の流海（中央から西部へかけて）
・佐我《さが》の流海（北部）
・行方《なめがた》の海（東部）

となっている。既述の、

・榎の浦の流海

は香取の海の南縁の呼称だったが、現在は陸地化してし

まった。北浦については言及がなく、何と呼んでいたのかわからない。

香取の海では塩が生産されていた。それほど塩分が濃かったのである。

その後、旧鬼怒川からの土砂堆積で徐々に海水の流入口が浅く、狭くなっていったらしい。そこへ、江戸時代初期の利根川の東遷によって、従来よりずっと大量の河水が流れ込んでくる。ただでさえ塩分濃度が低くなっていたところへ、第二次大戦後、海水の逆流防止を目的の一つにした常陸川水門が設けられたのだった。

現在、霞ヶ浦は、ほぼ完全な淡水湖になっている。

2 「信太《しだ》の浮島」

香取の海の真ん中に近いあたりに、南東から北西方向に細長い島があった。「信太の浮島」と呼ばれていた。『常陸国風土記』には、

「長さ二千歩《あし》、広さ四百歩なり。四面絶海《よもうみ》にして、山と野と交錯《まじ》り、戸《いへ》は一十五烟《とあまりいつつ》、田は七八町《ところ》余なり。居《す》める百姓《おほみたから》は塩を火《や》きて業《なりはひ》と為す」

と見える。

一五戸の住民が製塩業と農業で暮らしていたのであろう。当時の一戸は一族を含んでいたらしく、人数では十数人ないし数十人ほどではなかったか。

右は八世紀ごろの様子だが、この島の歴史はきわめて古く、縄文時代の貝塚や製塩遺跡をはじめ弥生時代の遺跡、古墳時代の前方後円墳や円墳などが確認されている。五〇〇〇年以上も前か

周辺が干拓された現在の浮島

ら人が住みつづけていたことになる。

ここは幕末になっても、やっぱり湖中の島であったことに変わりなく、『利根川図志』の絵にも、はっきりとそのように描かれている。いや、昭和の初期でも同じことだった。

浮島のまわりで本格的に干拓が始まったのは昭和期からであり、その後、曲折をへながらも少しずつ埋立てが進んで、昭和三十五年（一九六〇）には全域が陸つづきになった。現今の住居表示は茨城県稲敷市浮島である。

浮島小学校から東南東へ三〇〇メートルばかり、現在の浮島中心部の東はずれに「景行天皇行在所《あんざいしょ》跡」がある。そこは比高差二〇メートル余りの小高い丘の頂で湖水を一望できるはずだが、いまは木が茂っていて木の間がくれにしか見えない。この遺跡は『常陸国風土記』の、「大足日子《おほたらしひこ》の天皇《すめらみこと》、浮島の帳《とばり》の宮に幸《いでま》しし」という記事にもとづいて、いつのころかにここが比定地とされたらしい。一帯には、どんな由来によるのか、「伊勢の台」の名が付いている。

大足日子（景行天皇）は第一二代とされ、『古事記』や『日本書紀』によると、熊襲《くまそ》や蝦夷《えみし》を「平定」したヤマトタケルノミコトの父になる。景行にはモデルとなった人物がいたことはありえるかもしれないが、まず実在はしていなかったろう。したがって、その行在所（仮の住まい）跡も、伝説の域を出るものではあるまい。

とはいえ、右のくだりは、浮島が天皇のいっときの宮に擬せられておかしくないような場所であったことを示している。少なくとも東国の地名としては、よく知られていたと思われる。それには、

「浮島」

なる名から受けるイメージも大いにあずかっていたことだろう。畿内の人びとは、その名を耳にしてどんな島だろうと、はるかに思いをはせたのではなかったか。

実際、浮島は周囲がすっかり陸地化したいまでも、丘というより島の感じが残っている。これが湖水のただ中にあったときには、浮いているように見えたのかもしれない。

3　潮来《いたこ》の地名の由来

茨城県潮来市潮来の旧市街は、いまでこそ西浦と外浪逆浦をつなぐ常陸利根川（北利根川）に臨んでいて、どの湖水からも離れているが、かつては香取の海べりの波がひたひたと寄せてくる渚にあった。

この「いたこ」とは、どんな意味だろうか、なぜ「潮来」と書いて、そう読むのだろうか。本節では、その辺を取上げることにしたい。

八世紀成立の『常陸国風土記』は、「板来《いたく》」「伊多久《いたく》」の文字を宛て、由来について建借間命《たけかしまのみこと》（常陸国那賀の国 造《くにのみやつこ》の遠祖）が土地の国栖《くず》（先住民）を攻めた際、「痛《いた》く殺す」

挙に出たからとしている。イタクを「痛く（はなはだしく）」に掛けたのである。

『風土記』の地名説話には、悪ふざけでもしているのではないかと疑われるくらい馬鹿げたものが少なくないが、これなどもその例に漏れない。今日こんなことをいえば、狂人扱いされることだろう。ただ右によって、当時はイタクに近い音であったことがわかる。

赤松宗旦は、文政六年（一八二三）に刊行された北条時隣《ときちか》の『鹿島志』を引用して、

「潮来の字、もとは板来《いたこ》と書きたるを、西山《せいざん》の君、鹿島に潮宮《いたのみや》ありて、常陸の方言に潮をいたといへる、興あること丶おぼして、かく書改められたりとか」

と述べている。

北条時隣は常陸国生まれの国学者、「西山の君」とは第二代の水戸藩主、徳川光圀（水戸黄門。一六二八—一七〇一年）のことである。「鹿島の潮宮」は、西浦の北端に近い現茨城県小美玉《おみたま》市倉数《くらかず》に現存する潮宮《いたみや》神社を指すと思われる。

光圀は、自藩の中に潮の字をイタと読ませる名の神社があることを知って、「板来」の表記を「潮来」に変えたというのである。光圀はおそらく、それ以前から「いたこ」とは何のことか疑

問を覚えていて、イタが潮のことらしいと知り、はたと手を打ったのではなかったか。

一九世紀前半に成立した『新編常陸国誌』にも、

「いた、潮を云ふ、今はいはず」

との記述が見える。

常陸利根川の南岸から潮来の町並みを望む。

どうやら、潮を意味するイタの語があったことは、確実のようである。そうだとするなら、潮来をイタコと読む理由もわかるし、イタコ（イタク）が「潮が寄せてくるところ」を指していることも容易に納得できる。既述のように、昔の香取の海は塩分濃度が高く、潮来はその海に面していた。

ちなみに、イタはこのあたりの方言ではなく、われわれが忘却してしまった古い日本語である可能性が高い。例えば、

・徳島県板野《いたの》郡

は吉野川の河口に位置して、古くは潮入り地であった。別に板の産地だったわけではない。イタが潮の意の古語だったと考えたとき初めて、その由来を無理なく説明することが可能になるのではないか。

・静岡県下田市白浜字板戸《いたど》（竜宮島の対岸あたり）

・同市白浜字板見《いたみ》（白浜海岸のすぐ南方）

は、ともに海に面している。このイタも潮のことと考えられる。イタとイトは音が近い。

・静岡県伊東市

・福岡県糸島市

も海辺に位置しており、このイト（イトウ）も潮の義かもしれない

海沿いにあるイタ、イト地名は、ほかにも少なくない。右はあくまで、ほんの数例を挙げてみただけのことである。

4　加藤洲《かとうず》の十二橋《きょう》

常陸利根川をはさんで、潮来市潮来の中心部の対岸に千葉県香取市加藤洲というところがある。まわりの低湿地にくらべて、土地がわずかに高くなっている。名のとおり、古くは湖中の洲であったろう。「カトウズ」は「カトリズ（香取洲）」が訛った地名だとする説は当たっていると思う。ここに「加藤洲の十二橋」と呼ばれる、すこぶる印象的な橋がかかっている。『利根川図志』は、「加藤洲十二の橋は、川の両辺に民家ありて、家ごとの通行橋也。（両岸に橋杭《はしぐい》有りて中に板を架す）。もとより十二なるが、時として十三になる事あれば、又一橋闕《か》くること極めて出来るとなり」（以上で全文）

と述べるとともに、これを含んだ「潮来の図」を載せている。

文章の後半部分は、やや意味がとりにくい。本来、橋は一二だが、一三になったり、一一になったりするということだろうか。そうだとすれば、わりと気軽に架け、そして外せたのかもしれない。

一方、絵の方は空から見た俯瞰図のように描かれている。ここら辺でそんなことが実際にできるはずはないうえ、今日の状況に照らして不自然なところがある。つまり、写実とは考えにくい。

橋がかかる加藤洲字本田は、常陸利根川と南方の与田浦をつなぐ新左衛門川に沿って、南北に細長く延びる集落である。同川は自然の河川というより、水路または掘割に近い。幅は五メートルたらずであろう。その北端部、常陸利根川寄りの三〇〇メートル余りのあいだで、令和二年秋現在、一一本の木橋が水路をまたいでいた。これが「十二橋」である。

十二橋の第一の特徴は、いずれも各家の私有物であって、だれでも使える公共の橋ではなかった点にある。

ほぼ直線の水路の両側には、いま一〇戸か一一戸くらいずつの家が並んでいる。この数は幕末のころと、ほとんど変わっていないらしい。橋は、その向かい合った家どうしを結んで渡されていたのである。ただし、橋の使い方は東と西とで少し違っていた。

東側には、小型車がやっと通れる程度の道が南北に通じている。この道の西側が、すなわち水路に臨む家々である。その反対側にも家並みがつづいているので、こちらは両側町になる。道幅、集落の構造とも基本的には赤松宗旦の時代そのままだと考えられる。

これに対して、西側の西方は一面の湿田であったらしい。そこには道といえるほどのものはなかった。要するに、水路に臨んだ一本町だったといえる。

東西どちらの住民も家にサッパ舟（小型の艪舟）を持っていて、どこかへ行こうとするときは、それに乗るのが普通であった。田んぼへ出かけるのにも、そこでの作業にも舟を使っていたのである。それが水郷での暮らしというものだった。

しかし村内のちょっとした行き来に、いちいち舟を出すのは面倒である。舟が複数あっても、みな出はらっていることもあったろう。また、子供が一人で舟をこいで外出するわけにもいかなかったに違いない。それやこれやで、歩いて用事を足したほうが便利な場合も少なくなかった。実際、東側の住民は、そうしていたはずである。

だが、水路の西側には道が全くない。それで対岸との家のあいだに簡単な橋を架けて、東側の道へ出られるようにしたのである。いいかえれば橋を必要としたのは、西側の家々であった。十二橋は、西側の住民が設けた個人橋だったことになる。

それは現在の橋を見ても、はっきりとわかる。東側では、橋への通路（人ひとりが通れるだけの幅しかない）は、おおむね家と家とのあいだの路地になっている。ところが橋を渡れば、その先は各家の敷地であり、むろん黙って入っていける筋のものではない。

いま、それぞれに「いざよい橋」「しのぶ橋」「金宝樹橋」など風雅な名が付けられているが、これは近年になってからのことだと思う。令和二年の秋、東側の家にいた初老の女性は、

「ここの橋は、もとは全部、西側の人が渡るために架けたんだと聞いています。現在は市が買い取っているようですから、橋まではだれでも行けますけどね、その向こうは個人のお宅なんです

加藤洲十二橋の一部。橋の左手（西側）は、個人の敷地になる。

よ」

と話していた。その口ぶりには、どことなく「橋は向こう側の家のもの」といったひびきがあった。

とはいえ、東側でも庭を通らないと橋へ行けないようなところもある。水路沿いに歩ける小道もない。

橋が香取市の所有に移った以上、修繕などの管理も市がしているのであろう。橋の名の表示板も市が設けたのではないか。ほとんどの橋に欄干が付いているが、これがいつごろからのものか、わたしは確かめていない。中に少なくとも一本、欄干のない橋が見えるが、これが本来のものだったと思われる。

加藤洲十二橋の周辺には駐車場がない。水路の東側の旧道は車を進入させても、対向車とすれ違うことは困難である。西側のかつての湿田地帯には新しい道路ができているが、こちらにも駐車場はないうえ、水路までのあいだは個人の宅地になっている。要するに、車での見学には向いていないことになる。

結局、与田浦の西端から観光用のサッパ舟に乗るのが、ほとんど唯一の十二橋めぐりの方法といえる。その舟も六月のアヤメの季節を別にすれば、五人分の料金を払って借り切る形になるようである。東側の旧道をたどるにしても、大人数でぞろぞろ歩くのは、いかにも気がひける場所であり、ほかの観光地のような、

「どうぞ、ぞんぶんに見ていって下さい」

という感じはとぼしい。

だが、そのような不便はあるにしても、これほど水郷のかつての生活をしのぶのに適切な遺構は、まずないのではないか。

5 思案橋、浜丁通り、黒門

「潮来出島の　真菰《まこも》の中に　あやめ咲くとは　しおらしや」

は、潮来節の中でもっともよく知られた歌詞であり、潮来観光のキャッチフレーズにもなっている。

潮来節は、潮来遊郭で生まれ、江戸時代の江戸をはじめ関東各地の、とくに花街《かがい》で流行したはやり歌である。マコモは水辺に群生する大きな稲のような植物だが、その地味な草にまじって、あでやかな紫色の花びらを付けるアヤメを遊女に例えたのである。

ところで、しばしば「潮来出島」と対《つい》で呼ばれる潮来の出島とは、どこのことだろうか。例えば「潮来市南端のデルタ状地域と内浪逆《うちなさか》の干拓地の俗称」の説明は、そのとおりかもしれない。出島というからには、かつての香取の海に突き出した微高地か洲を指していたろう。しかし、これでは江戸期以来の「潮来出島」の実際にそぐわないように思われる。この言葉には、もっと別の意味が込められていたからである。

「潮来出島の　十二の橋を　行きつもどりつ　思案橋」

これも潮来節の一つで、『利根川図志』にも紹介されている。

この十二橋は「前川十二橋」のことであって、もちろん加藤洲十二橋のような個人の私有ではない。前川は常陸利根川と北浦をつなぐ全長七キロ余りの川というより、自然の状態では上、下流のない水路である。ほぼ東西方向に通じ、思案橋は現在では西から四番目に当たる。

「思案橋」の名は、しばしば各地の遊郭の入り口にかかる橋に付けられていた。「遊冶郎《ゆうやろう》」（江戸時代には、遊郭に出入りする者をよくこう呼んだ）が、あるいは馴染みの女を思い、あるいは家計を心配したりしながら、しばし橋上で迷ったことによっている。右の歌詞の、

「行きつもどりつ」

とは、その意にほかならない。

とにかく、出島は前川十二橋のかかる地域と、ほぼ重なり合っていたことがわかる。これらの橋は、川の西側部分一・五キロばかりに集中している。そうして潮来の旧市街は、その北岸に形成されてきたのである。今日でこそ、南岸にも民家、商店、食堂、ホテルなどが軒を連ねている

が、これは第二次大戦後もしばらくたってからのことであった。手もとの昭和四十三年(一九六八)編集の五万分の一図「潮来」を見ると、前川の南岸にあるのは潮来駅くらいのもので、あとは一面の水田になっている。こちらは干拓地であって、町並みはいっさいなかったのである。すなわち「出島」は、この区間の北岸の通称だったことになる。

東北地方の諸藩から米、海産物、木材などを運んできた荷船や観光の舟が着く河岸をはじめ、商店、旅籠《はたご》、食堂、土産物屋そのほかは例外なく北岸に位置していた。

その中でも、ひときわ繁華な場所の一つが思案橋と、その横の大門河岸《だいもんがし》であった。ここは潮来の玄関口のようなところだったといって過言ではなかった。

河岸の北方五〇〇メートルくらいに、文治元年(一一八五)、源頼朝が創建したとされる臨済宗の大刹《たいさつ》、長勝寺があり、そこへ向かって車一台が通れるほどの道が真っすぐに延びている。

令和二年の秋、わたしがそこで会った昭和十二年(一九三七)生まれの男性は、

「この道は長勝寺の参道でして、以前は一の門、二の門、三の門と三つの門が建っていましたが、河岸ぎわの一の門はなくなりました。大門というのは、その門によって付いた名前だと思いますよ」

と話してくれた。

「潮来遊郭の入り口の門は、どこにあったんですか」

わたしは、「行きつもどりつ　思案橋」の歌の文句から、てっきり思案橋のそばの大門がそれではないかと想像していたのだった。思案橋は既述のように、遊郭の入り口の橋に付く名であり、

前川十二橋の一つ、思案橋と大門河岸跡（舟がつながれているあたり一帯）

潮来遊郭が手本にしたとされている江戸の吉原遊郭の入り口にも「大門」があったため、二つを結びつけていたのである。

「それは、あの河岸跡から西の方へ三〇〇メートルちょっと行ったところですね。黒っぽい鳥居のような木の門がありまして、黒門といってました。その奥が旧遊郭で、わたしが若いころには七〇軒くらいの店がありましたねえ。でも、昭和三十年代に売春防止法ができてから、急に寂れました。その後も建物は残ってましたが、二〇年近く前に火事がありましてね、もうほとんど面影はなくなりましたよ」

ということだった。

売春防止法の施行は昭和三十二年（一九五七）の四月だが、罰則の適用まで一年間の猶予期間がもうけられたため、実際の実施は同三十三年の四月からになる。ほかの諸遊郭の例からみて、おそらくその後も闇営業はつづいていたろう。しかし、遊郭という営業形態は、やはり時代にそぐわなかったらしい。どこによらずじり貧の状態を脱することなく、いつの間にか町並みごと消滅した例が多かったようである。潮来の場合、最終的な一撃になったのは平成十九年（二〇〇七）十月の火事であった。これによって、残っていた遊郭風の建物も一掃されてしまったのである。

思案橋の前から、「浜丁通り」という車がやっとすれ違えるくらいの通りを西に向かって三〇〇メートル余り行くと、道の南側に菓子店があり、その反対側に高さ二メートル前後の黒っぽい木の柱が一本だけ立っている。これが、かつての黒門の名残りである。

この門から西二〇〇メートルばかりを浜丁（浜町）一丁目といい、ここに公認の遊郭街がつくられたのは延宝七年（一六七九）ごろであったとされている。当初の遊女屋は八軒であった。その後、地の利を生かして、図志が北条時隣の『鹿島志』（一八二三年）を引き、

「淫肆《いんし》有りていと繁昌《にぎやか》なる地《ところ》なり」

と紹介するような、関東有数の歓楽街になっていく。

正徳五年（一七一五）には、遊女八五人、禿《かむろ》（遊女見習い）二六人、一年間の客数二万四二五〇人、遊興費の総額一万七〇〇〇両の記録が残っている。

彼女らこそが、マコモの中に咲くアヤメに例えられたのである。だが、その現実の生活は、苦界に生きる女たちの絶望的な日々にほかならなかったろう。右の数字によって計算すれば、一人の遊女が年に三〇〇人の客をとったことになる。ざっと一晩に一人であり、通常は毎夜、相手が違っていたのではないか。

とはいえ、公認の遊郭だったから、この程度ですんだはずである。これが遊び代の安い岡場所（私娼街）や、明治以後の芸ごとなどいっさいなしの売春街に身代金で売られた女性たちなら、一晩に五人、六人の男の相手をすることも珍しくなかった。それにくらべたら、潮来の遊女はまだいくらかましだったのかもしれない。

黒門から北東へ四〇〇メートルほど、真宗大谷派西円寺の境内には、何人かの潮来遊女の墓石が現存している。

6　霞ヶ浦・帆曳《ほび》き網漁の思い出

手もとに「最新版　茨城県分県地図」がある。昭和四十九年（一九七四）に昭文社から発行されているが、編集はおそらくこれより数年前であろう。次の版が出るまで、わたしが何百回も開いたり閉じたりしたため、いまでは全体がぼろぼろになっている。

これには二四ページの写真入り県案内とでもいった冊子が付いており、その中に「霞ヶ浦ワカサギ漁」と題された写真が載っている。説明は何もない。ただ、異様に大きな帆布いっぱいに風をはらんだ小舟の上に一人の男性が立っている姿が写っているだけである。無関心とは恐ろしいもので、わたしはこれがどんな漁なのか長いあいだ知らなかった。

わたしが、この地図を手に入れて四十数年後、本書の取材で霞ヶ浦周辺へ通いはじめてから、千葉県野田市の自宅に近い塗装業者のところで働いている男性が、

「自分は霞ヶ浦の漁師の家で生まれた」

と話していたことを思い出した。わたしは夕方の散歩の途中、男性と顔を合わすことがあり、その度に挨拶を交わしていた。だが、立入った話をしたことはなかった。ちょうど本節の前半を執筆していたころ、たまたま道でいっしょになり、歩きながら二〇分ばかり霞ヶ浦の漁業について訊く機会があった。

男性はNといった。昭和二十七年（一九五二）に、現茨城県行方《なめがた》市手賀《てが》で生まれた。手賀は、霞ヶ浦（西浦）の北部にかかる霞ヶ浦大橋の東詰めから南東へ二キロ前後の湖岸の集落である。Nさんは七〇歳近いのに、どんな事情があるのか経営者宅に住み込んでいた。独身のようであった。


「大橋の南の方というと、たしか湖のそばになりますよね」

「ええ。家の真ん前が霞ヶ浦で、親父《おやじ》も親類もみな漁師でした」

「漁って何を捕っていたんですか」

「ワカサギとかシラウオがいちばん多くて、あとはテナガエビやウナギなんかです」


シラウオは元来は汽水域に生息するサケ目シラウオ科の小魚だが、現在は淡水化された霞ヶ浦に順応して代を重ねている。


「どうやって捕っていたんですか」

「ワカサギとシラウオは帆掛け船《ほかけぶね》で網を曳くんですよ」

「帆掛け船でですか」

「そうです」

Nさんは、そう言ったが、その船は一般には「帆曳き船《ほびきせん》」と呼ばれている。

「夏のあいだは日が落ちてから漁に出ました。真夜中に一度、帰ってきて魚を岸に揚げて、また明け方まで網を曳きました」

「昼間、寝るんですね」

「ええ。だけど自分は学校がありましたからね、ほとんど寝ずに四キロくらい離れた中学校へ自転車で通いました」

「中学生のときから漁をしてたんですか」

「小学校と中学校のときだけです。そのあとは、ずっと横浜でペンキ屋をやってましたから」

帆曳き船の、ほぼ実物大の模型（かすみがうら市歴史博物館で）

「学校じゃ眠くて仕方なかったでしょう」
「ええ。でも、冬よりましですよ。明け方から船を出すんですが、寒くてたまらないんですよ。手がかじかんで動かなくなるから、湯を沸かしておいて、ときどき突っ込んでいました」
Nさんは、漁の辛さを思い知って家業をつがなかったのかもしれない。
わたしはNさんの話を聞いたあと、

「帆掛け船で網を曳く」の言葉が妙に気になった。帆船が受ける風力だけで網が曳けるのか。昔、写真を目にしたおぼえがあった分県地図をひっぱり出して改めて眺めてみた。帆布は船と平行に張られており、それが目いっぱい膨らんでいる。真横から風を受けているのである。これでは船がひっくり返りはしないか。

不思議に思って調べてみると、霞ヶ浦の帆曳き網漁は世界で唯一の漁法であり、そこには驚くような工夫がほどこされていることがわかった。それゆえ保存の動きも活発で、現在、湖のあちこちで八艘ほどの観光帆曳き船がワカサギ漁の期間を中心に運航されているらしい。平成三十年には国の無形民俗文化財にも指定されていたのだった。わたしが何も知らなかったのは、ずいぶん間抜けなことだったといえる。

帆曳き網漁が始まったのは、そんなに古いことではない。霞ヶ浦大橋の西詰めから二キロ余りの現かすみがうら市坂で生まれた折本良平（一八三四―一九一二年）が明治十三年（一八八〇）、帆曳き船を発明して以後のことである。

帆曳き船は、普通の手漕ぎの櫓船《ろぶね》に畳八〇枚分とか九〇枚分のばかでかい帆を付けて作る。しかも帆は横向きに張るので、そのままだと風をはらんだら即座に船は転覆してしまう。そうはならないのは、帆柱や帆桁《ほげた》（帆柱の上部に横にわたした材）から延ばした綱の先に網が結びつけられているためである。つまり、帆が受けている風力、船の重さがもつ重力、網の抗力が微妙にバランスをたもっていることによる。そうして、船は網を曳きながら、ゆっくりと風下に進んでいくのである。

それは霞ヶ浦での従来のワカサギ、シラウオ漁を一変させた。それまでは数艘の舟に合わせて十数人が乗り込まなければならなかった網曳き漁が原則二人、場合によっては一人でも可能になったからである。

帆曳き船は、たちまち霞ヶ浦全域に広がり、最盛期の昭和三十二年（一九五七）には西浦と北浦で計五五七艘にものぼったという。しかし、九〇年ほどつづいた繁栄は、ふいに終焉を迎えることになる。同四十年ごろにトロール船が導入されたのである。

Nさんが中学校を卒業したのは、同四十三年であった。それは帆曳き船が急速に姿を消していく時期と重なっていた。Nさんは、実際に帆曳き船で操業した経験をもつ最後の世代ではないかと思われる。

三七　野馬込《のまごめ》の地名と遺構――成田市野馬込、香取市九美上《くみあげ》

既述の茨城県稲敷郡河内町金江津から利根川を三キロばかり下った対岸すなわち南岸に、千葉県成田市野馬込がある。

野馬込は馬込《まごめ》、駒込《こまごめ》などと同趣旨の地名で、とくにあとの二つは各地に珍しくない。

• 東京都豊島区駒込（JR山手線駒込駅がある）

・千葉県船橋市馬込町
・同県旭市駒込

は、そのほんの数例である。

馬は江戸時代ごろまでは一般に、広い野原で繁殖させていた。その方が馬の健康によく、飼料代の節約にもなるからである。

馬を放牧させておく野原を「マキ（牧）」といった。「馬城《まき》」の意であろう。「キ」とは何らかの構造物で囲まれた場所、あるいはその構造物のことである。それは軍事施設にかぎらない。「奥津城《おくつき》」は周知のように墓域を指すが、このキも右の意味である。

牧は広大な土地の占有を必要とするうえ、馬は軍事用に使われることが多かったから、だいたいは権力者が所有していた。例えば、現在の千葉県に当たる地域には江戸時代、北西部の小金牧、北東部の佐倉牧、南部の嶺岡牧があり、いずれも幕府の直轄であった。

牧に放たれている馬を利用しようとするときは、捕まえて調教しなければならない。ところが放牧馬は野生に近いので、これがそう簡単ではない。捕獲のためには、まず牧の一角へ追い込む。そこは馬が飛び越えられない程度の土手に囲まれた空間になっており、ここで馬の首に縄をかけたあと別の人間が馬の前脚をかかえ込んで横倒しにするのである。その土手内が馬込、駒込、野馬込であった。

成田市野馬込が、これによる地名であることは疑いあるまい。ただ、ここは最寄りの佐倉七牧の一つ「矢作牧《やはぎ》」からでも数キロ以上は離れていたらしい。したがって、この野馬込は江戸期の幕府牧によって付いた地名と違うのではないか。となると、それ以前にあった牧か、もしくは民間の牧の野馬込であったのかもしれない。今日、現地で周囲を見わたしても、土手とおぼしきものは残っていないようである。

野馬込または牧全体の土手で、もとの姿を今にとどめているところは千葉県には珍しくない。

●八街《やちまた》市八街へ二一五（JR総武本線八街駅の南四キロほど）

には、やはり佐倉七牧の一つ「小間子《おまご》牧」の野馬捕込《とっこめ》跡が、ほぼ旧状のままで現存している。「捕込」とは野馬込の中の一部で、文字どおり放牧馬を捕らえるための区画（込《こめ》という）のことである。

本書の対象地域に沿っていえば、

●香取市九美上字駒込（九美上二二の周辺、個人の私有地）

に残る佐倉牧のうちの「油田《あぶらだ》牧」野馬込跡は保存状態がよく、令和元年十月、国の史跡に指定された。

ここの土手は、昭和四十四年（一九六九）編集の五万分の一図「佐原」の右下端に、はっきりと書き込まれている。土手は二本あって、一本はほぼ南北に五〇〇メートル、もう一本はほぼ東西に三〇〇メートルくらいにわたって延びていた。その後かなり破壊されたらしく、現在ではこの当時の半分たらずになっているのではないか。

九美上には、ほかにも土手跡はあり、右から東北東へ一キロ余り、九美上四〇のあたりにも、区間こそ短いながらほとんどもとの高さと形をたもっている場所がある。そこの土手の高さは三メートル前後、断面は二等辺三角形をなしており、上部の幅は五〇センチもない。

その延長線上の、やや崩れた土手跡が自宅の敷地内を通る家の女性（一九三七年生まれ）は、

「何十年か前まで、この土手はずっと向こうまでつづいていました。だけど、土地を買った人が削り取って宅地や畑にしてしまいましたよ。これが何のための土手か、わたしは知りません」

と話していた。

九美上で、わたしはほかにも何人かの住民に訊いてみたが、地内に野馬土手跡が存在することも、そもそも野馬土手が何か知っている人もいないのだった。

香取市九美上40あたりに残る野間土手跡。手前は削り取られているが、木が生えている部分は江戸時代のままで、道路より3メートルほど高くなっている。

なお、成田空港北側の成田市取《とっ》香《こう》は佐倉七牧のうちの「取香牧」による地名だが、この「トッコウ」は「トッコメ」の訛り（ウ音便化）だと思われる。明治十六年（一八八三）六月、明治天皇がこの捕込を見学したことが確かめられている。

三八　香取市佐原

1　伊能忠敬《ただたか》旧宅

千葉県香取市佐原は、利根川下流の右岸（南岸）に位置する。ここは、本書が扱っている渡良瀬川との合流点より下流の利根川沿いでは、古い家並みをもっとも豊富に残す町だといえる。

今日では、そのような特徴は観光資源として活用されることが多く、佐原もその例外ではない。近ごろになってからのことだと思うが、佐原はよく、

- 埼玉県川越市
- 栃木県栃木市

と並んで「小江戸」と呼ばれているらしい。観光パンフレットなどには、「北総の小江戸」といった言葉も見える。

佐原は利根川の小支流、小野川に沿って開けた商人の町であり、また香取神宮の門前町でもある。その中心街のど真ん中に、伊能忠敬の旧宅が現存している。

伊能忠敬（一七四五―一八一八年）は測量家、地理学者、天体観測者、暦学研究者などの顔をもち、数学にも関心を抱いていた。さらに、もともとは商人、名主《なぬし》でもあった。しかし、その業績をひとことでいえば、「大日本沿海輿地《よち》全図」（通称「伊能図」）の作成に尽きるとしてよいだ

ろう。同図は、わが国で初めての実測による日本地図である。伊能図は、主に海岸線だけを描いた地図で内陸部の記載を欠いているが、現今の地図とくらべても正確さにおいてほとんど差がない。当時としては画期的な日本全図であった。

忠敬が先に記したような学問の世界に足を踏み入れたのは、数えの五一歳（以下、本節の年齢はすべて数えを用いる）のときだった。そのころ、いやずっとのちの大正、昭和の初めになっても、

「人生、五十年」

といわれていた。これは決して比喩ではなく、例えば大正十年（一九二一）―同十四年の日本人の平均寿命は男性四二・〇六歳、女性四三・二〇歳にすぎず、男女とも五〇歳を超したのは第二次大戦後のことである。乳幼児の死亡率が高かったことが大きな原因だが、ふつうに成人したとしても、

「まずまず五十が一期《いちご》」

が実感であったろう。

ところが忠敬は、それから一念発起したことになる。いったい何が忠敬にそんな決意をさせたのか。全国を弟子、従者を連れて歩きまわるには相当の資金がいるが、なぜそんなことができたのだろうか。

伊能家は、一八世紀後半ごろで人口五〇〇〇を数えた佐原でも屈指の商家であった。酒造業や貸金業、田畑の経営などを手がけ、同じ町の永沢家とともに、

「両家」

香取市佐原の伊能忠敬旧宅。小野川に面している。

と称されていた。現在の小野川に面した忠敬旧宅は、そのころより狭くなっているようだが、広い敷地にどっしりとした主屋や店舗、土蔵そのほかが並び、大商人の住まいらしい面影を残している。

忠敬は現千葉県山武《さんぶ》郡九十九里町小関《こせき》に生まれ、一八歳で伊能家の跡取り娘イネの婿養子になった。同家は後継男子の不在や、イネの先夫の早逝で衰えかけていたが、忠敬は伊能家を旧に倍する大店に育て上げることに成功している。のちに佐原村（実質的には町にひとしかった）の名主にえらばれたのも、その力量と人物のゆえであったろう。名主は、西日本の庄屋に当たる、村政の最高責任者であった。

この経済力があったからこそ、長男に家督を譲って江戸の深川黒江町に家を構えたうえ、そこに幕府の天文台に見劣りしないほどの天文台を作ることができたのである。

出府後、忠敬が没頭した研究の一つに、緯度一度の正確な距離の測定があった。それで、緯度一分に相当するとされていた、黒江町の自宅と浅草の暦局間の距離を測量して師の天文学者、高橋至時《よしとき》に報告したところ、至時から、

「そんな短い距離では正確な数値は出せない。江戸と蝦夷地《えぞち》（北海道）のあいだくらいを測ることが必要だ」

と指摘される。これが伊能図への第一歩になる。

忠敬は寛政十二年（一八〇〇）閏《うるう》四月、五六歳のとき弟子三人と従者二人をともなって蝦夷地への旅に出発する。それは測量をつづけながらの一八〇日の大旅行であった。この費用も大半は忠敬が負担したのである。

これは彼の行動を可能にした金銭面の話だが、その学識の点でも江戸へ出る前すでに、かなりの水準に達していたらしい。そうでなければ、幕府の天文方の職にあった至時のような一級の学者が弟子として迎えるはずはなかった。

忠敬の住宅兼店舗があった佐原の町も、彼が所有していた近隣の田畑も、いったん利根川が氾濫すると、水害をまぬかれなかった。とくに田畑は境目もわからなくなり、所有地を確認するためには新たに境界線を引きなおすことが必要であった。その作業には測量や地図作成の技術が求められる。どうも、このためもあって忠敬はそれなりの勉強をしていたようである。

忠敬は、まだ江戸へ出る前の寛政五年（一七九三）、近くの津宮《つのみや》村（現香取市津宮）の朱子学者、久保木清淵《せいえん》らとともに上方へ三ヵ月にわたる旅をしている。その旅行記に、各地で測った方位角

や天体観測で求めた緯度などを書き込んでいるという。この方面の知識が相当あったことになる。伊能忠敬が「大日本沿海輿地全図」を作成したことと、彼が水害の頻発地である佐原の有力商人だったこととは、決して無関係ではなかったと思う。

2　佐原の「エンマ」の現状

エンマは聞きなれない言葉だが、漢字では「江間」と書く。すなわち、川や沼とのあいだを結ぶ水路のことである。

現千葉県香取市域のうちの利根川左岸（北岸）および茨城県稲敷市東部のやはり同川の左岸は中世末ごろまで、ほとんど香取の海の湖中にあったといっても過言ではなかった。せいぜいで、あちこちに島というより洲ができはじめていた程度であったろう。十二橋のある加藤洲なども、その一つに数えられる。

この湿地帯に初めて開拓の手が入ったのは、一六世紀の終わりごろであったらしい。『利根川図志』には、

「爰《ここ》に天正十八年（一五九〇＝引用者）、水陸田を開き始め、上の島まづ成就す」

と見えている。「上の島」は現稲敷市上之島《かみのしま》のことで、新利根川の河口の南東一・五キロほどに位置する。

その後、追いおい開墾が進み、寛永十五年（一六三八）前後には一六の新村が成立していたようである。その地域は「新島《しんしま》」または「十六島」と通称されることになる。

香取市佐原の長島川、奥に見えるのは中洲集落である。

十六島は香取の海に土砂が積もってできた土地だから、ふだんでもそこら中に沼や水たまりが広がっていた。村も田んぼも、そのあいだに点在していたのである。だから、どこへ行くにも舟が欠かせなかった。その通路がエンマであった。

エンマがどんなものだったのか、よくわかる資料が手もとにある。昭和四十三年（一九六八）編集の五万分の一図「潮来」の部である。これに即しながら話を進めていきたい。

掲示したのは「潮来」の中央左端の部分だが、与田浦西岸の中洲集落から西北西に延びた水路（長島川と呼ぶ）の北側と南側で、道路と水路の様子が全く違うことがひと目で見てとれると思う。北側では両方とも等間隔かつ直線に並んでいる。いかにも、大規模に整備しましたといった感じである。おそらく、地図編集時より二、三年前に工事を終わったばかりではなかったか。

これに対して、南側には曲がりくねった水路が網目状に通じており、道といえそうな道はほとんどない。これが昭和四十三年ごろまでの、エンマを日常的に使用していた村の姿であった。ただし、こちらも整備待ちであったに違いなく、あるいは地図の編集が終わったときには工事が始まっていたのかもしれない。

とにかく、この当時まで長島川の南側には、まだかなり大きな沼がいくつか残っており、中洲の西一キロばかりには東西五〇〇メートル、南北三〇〇メートルくらいの湿地（横向きの破線が引かれている）も見える。中洲や長島、津宮新田、篠原新田などの人びとが

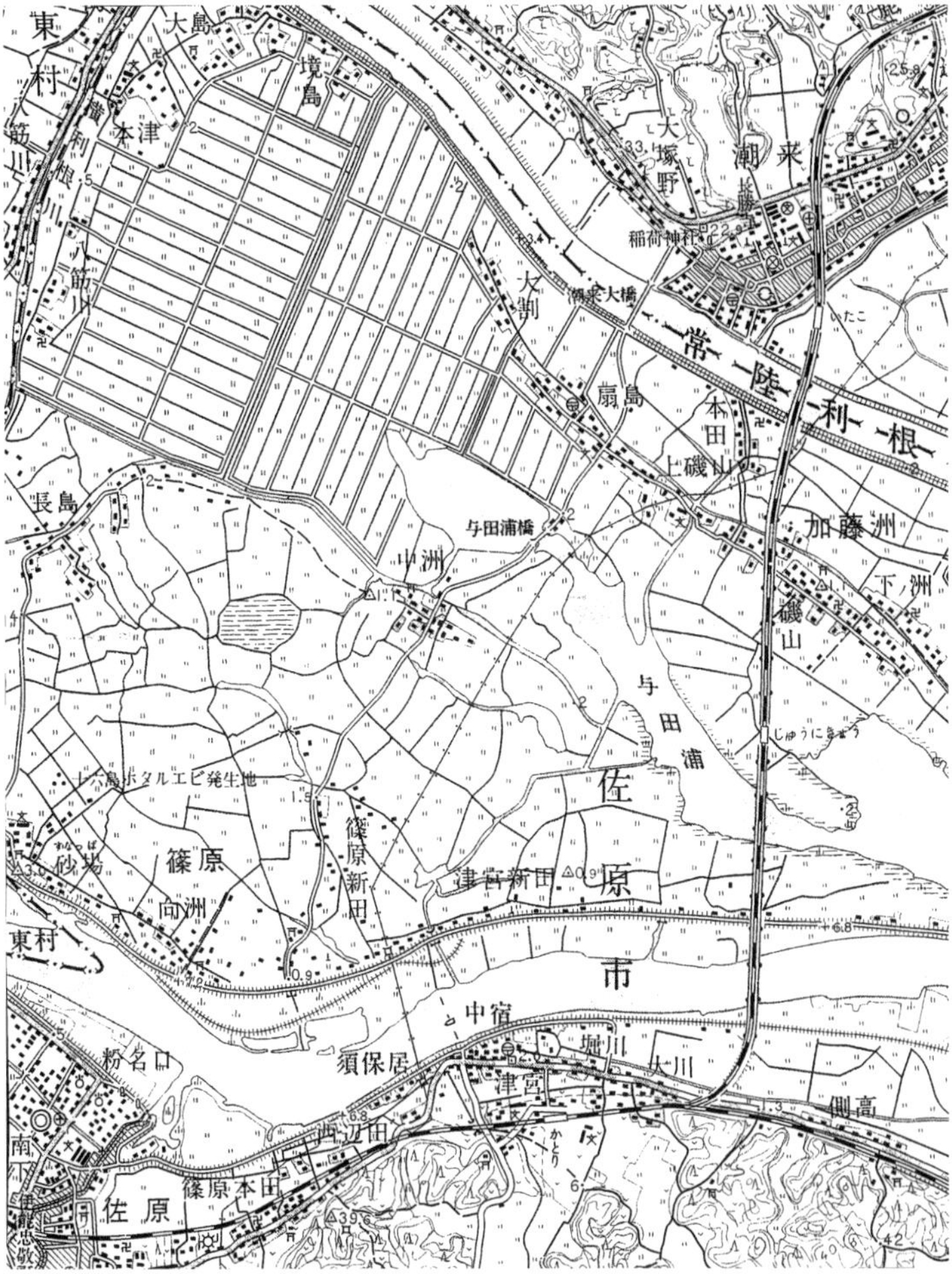

昭和43年編集の国土地理院5万分の1図「潮来」の中央左端部分

田んぼへ行くにはエンマを舟でたどるしかなかったのである。そもそも、田んぼ自体が現今のレンコン田のように、足を踏み入れると腰のあたりまでずぶずぶと沈むような湿田であったらしい。

いま、そのような風景は十六島のどこにもない。一面が見わたすかぎり、地図の長島川より北と同じ状態になっている。そんな中で、長島川や加藤洲の新左衛門川は、かろうじてかつてのエンマのありさまを伝えているといえる。長島川は用排水路としての役目があって、埋立てるわけにいかなかったのではないか。

3 香取神宮の神輿をかつぐ人びとの村

佐原の伊能忠敬旧宅あたりから東へ二キロ余りに香取神宮参道入り口がある。

香取神宮は、一〇世紀前半成立の『延喜式』神名帳《じんみょうちょう》に載る名神《みょうじん》大社の一つであり、下総国の一の宮であり、第二次大戦前に国が定めていた各神社の社格では最上位の官幣大社の一つであった。また、式内の名神大社は全国で二二六あるが、「神宮」と表記されているのは伊勢神宮、鹿島神宮、香取神宮の三社しかない。要するに、日本屈指の大神社ということになる。

これを本書のような小著で正面から取上げるには対象として大きすぎ、そもそもわたしには、その準備もない。それで、ここでは同神宮に深くかかわってきた、ある村の話を紹介することにしたい。

神宮の東一キロほどに「丁子（ようろご）」という、すこぶる変わった読み方の名の村がある。住民の一人はわたしに、

「チョウシとかテイコと呼ばれることが多いですねえ」

と言っていた。ただし、これと同趣旨の読み方をする地名は決して稀ではない。

- 福井県大野市上、中、下丁《ようろ》
- 和歌山県海南市下津町丁《よろ》
- 兵庫県姫路市勝原区丁《よろ》
- 島根県飯石《いいし》郡飯南《いいなん》町小田字丁《ようろ》
- 岡山県浅口市鴨方町六条院中字丁《よおろ》
- 広島県福山市神辺《かんなべ》町川南字丁《ようろ》
- 同県山県郡北広島町丁保余原《よおろほよばら》

などがある。

右の「よろ」「ようろ」「よおろ」の振り仮名は何らかの資料にしたがったものだが、実際の音はほとんど同じであろう。なお、字名《あざめい》の場合は現在では地番表示に変わっており、例えばインターネットのグーグルやヤフーで調べても出てこない。確認しようとすれば、国土地理院の地形図や、角川書店の『日本地名大辞典』の小字一覧などに当たってみる必要がある。

それはともかく、これらの地名は何を意味しているのだろうか。

「丁」の字は漢和辞典によると、「テイ」「チョウ」の音と、「ひのと」「よぼろ」の訓をもつ。漢字の原義は「強い、盛ん」ということらしい。転じて「壮年の男子」をも指していた。

一方、訓の一つ、すなわち日本語のヨボロは古くはヨホロと清音で発音していた。それは膝のうしろのくぼんでいる部分のことで、「ひかがみ」ともいった。ヨホロに丁の漢字を宛てたのは、脚の中心で力仕事を象徴させるとともに、壮年男子の意を込めたのではないかと思われる。

八世紀末の帝都、長岡京（現京都府向日《むこう》市、長岡京市、京都市西京区にわたっていた）跡から出土した、

「越前国大野綱丁丈部広公」

と書かれた木簡は、ヨホロ（ヨウロ、ヨオロ、ヨロはその訛り）がまた力仕事に従事する労働者をも意味したことを裏づけている。

右の「綱丁」の文字は、九世紀前半成立の仏教説話集『日本霊異記《りょうい》』にも見えており、ヨホロと読んでいたようである。同書によると、現静岡県榛原《はいばら》郡に住んでいた「白米の綱丁、物部古丸」は（おそらく租税の）米を運ぶ人夫たちの長であったが、農民に何かと言いがかりをつけては「非理に」徴収して彼らを苦しめていたため、死んだあと悪報を得たとされている。つまり、この場合のヨホロは力仕事を専業とする職業者の集団だったことがわかる。

そうだとするなら、先に挙げた地名は彼らの集住によって付いたと考えて、まず間違いあるまい。そうして、

- 福井県大野市丁（現今の住居表示では上、中、下に分かれている）

は、長岡京出土の木簡に記された「丈部広公」の居住地「越前国大野」の可能性が高いといえる。

- 千葉県香取市丁子

もヨウロゴ（コは人といったほどの意）の集まり住んでいた村であった。

平成26年の香取神宮式年神幸祭で輿丁役をつとめた佐原市（当時）丁子の住民たち
（丁子コミュニティーセンターの保存写真より）

ただし、ここのヨウロは香取神社の駕輿丁《かよちょう》だった。駕輿丁の駕は「貴人の乗り物」、輿は「乗り物」のことであり、したがって駕輿丁は香取神社の神輿《みこし》をかつぐことを職掌としていたことになる。

いや、今日でも毎年春の神幸祭で神輿をかつぐのは、丁子の成人男子にほぼかぎられているのである。戦前までは、それが厳重に守られていたが、大戦中は男たちが兵役にとられて手不足となり、やむなく近村の助けを借りて以来、二〇人ばかりのかつぎ手の何人かを他地域からえらぶ習慣ができたのだった。

香取神宮では一二年に一度、午年《うま》に「式年神幸祭」と称する大祭礼が二日間にわたって行われる。直近の式年祭は平成二十六年（二〇一四）で、このときは丁子の六〇戸くらいの全戸が一人ずつ出している。だいたいは家を継いだ男子であった。

丁子の大原秀男さん（一九四六年生まれ）は、二六歳で家を継いでから毎年のように輿丁《よちょう》役をつとめていた。だから式年祭でも、これまで四度ほど神輿をかついできた。大原さんは、

「神輿はずしりと重いので、よほど気をつけていないと肩を痛めます。とくに坂のところでは、下の方の者が大変ですよ。それから背の高い人にも負担がかかりますねえ。うんと高い場合は輿かつぎからはずします。旗持ちをしてもらうんですよ」

と話していた。

丁子の人びとが、いつごろから香取神宮の駕輿丁をつづけているのかわからない。ただ、ここの地名が初めて文献に現れるのは正安二年（一三〇〇）である。だから、それ以前であることは明らかだといえる。今日の駕輿丁役の衣装が、平安時代のものだといわれているのも故ないことではない。

香取神社は、とてつもなく古い神社だが、丁子も相応に古い村だということになる。

三九　利根川および近隣の鮭

幕末のころには、利根川にも膨大な数のサケが上ってきていた。サケ漁は、この川における主要な漁業の一つであった。そのサケについて、赤松宗旦は、

「利根川の鮏魚《さけ》は布川を以て最《さい》とす。これを布川鮭《さけ》といふ」

と図志に述べている。

宗旦によると、布川サケとは安食《あじき》村（現千葉県印旛郡栄町安食）と、ここから三里（一二キロほど）上流の小文間《おもんま》村（現茨城県取手市小文間）とのあいだで捕れたものを指すという。この区間の漁は「布川の有《もち》」とされていたらしい。

これより下流のサケは塩気があって、

「味甚《いたく》劣れり」

とし、逆にもっと上流では魚が遡上中に疲れて、

「色味益減《いろあじえき》ず」

としている。これに対して布川のサケは、

「塩気全く去り、魚肥え脂《あぶら》つき、肉紅《くれない》にして臙脂《えんじ》の如く、味亦冠《また》たり」

となる。医師にしては少しばかり理屈に合わない身びいきのような気がするが、利根川のあちこちで盛んにサケが漁獲されていたからこそ、わが田に水を引くがごとき話にもなるのであろう。

利根川どころか墨田川でも、明治時代にはサケが捕れていたようである。安岡章太郎が既述『利根川』の取材の折り、いっしょに流域を歩いていた挿し絵担当の「伊藤画伯」は安岡に、

「ぼくらの子供のじぶんには、墨田川でも鮭がとれた。東京じゃ、鮭の一番うまいのは隅田川のやつで、その次が利根川の鮭ってことになってた」

と話していたそうである。

香取市山倉の山倉大神。全国の第（大）六天神宮の総社とされている。

利根川の近隣には、ほかにもサケが遡上してくる川があったらしい。

千葉県香取市山倉は佐原の町場から南へ一〇キロ以上も離れた台地の村だが、ここの山倉大《だい》神《じん》で毎年十二月の初めに鮭祭りが行われている。その際、塩漬けのサケを白川流包丁式の神事で小さい切り身にさばき、当日の参詣者にふるまうという珍しい行事があって、平成十七年（二〇〇五）に千葉県の無形民俗文化財に指定された。これとは別に秘伝のサケの黒焼きなるものも常備し、護符として配ることもしている。

鮭祭りや山倉大神とサケとの関係が、いつ始まったのかわからない。しかし、そこで用いるサケは、もともとは栗山川で捕れたものだと伝えられてきた。栗山川は千葉県成田市の下総台地に発したあと、ほぼ南方へ向かって流れ、山《さん》武《ぶ》郡横芝光《よこしばひかり》町で太平洋に注いでいる。中流部で山倉大神の西三キロくらいまで接近しており、ここで捕れたサケを奉納したとの伝承には無理がない。

栗山川は太平洋側では、サケが回帰する南限の川だったとする指摘もあるが、墨田川はもっと南になるはずであり、栗山川への天然回帰がいつまでつづいていたのかもはっきりしない。

それはともかく、昭和五十一年（一九七六）に栗山川でサケの稚魚の放流を始めている。この事業は山倉大神の鮭祭りとは直接のかかわりはなく、食糧資源を増やすことを目的にしていたようである。その結果、平成の半ばごろには毎年、数百匹が帰ってくるようになっていた。しかし、どうやら産卵に適した環境はすでに失われていたとみえ、その後はむしろ減少に転じ、結局、平成いっぱいで事業は中止されたのだった。

利根川でのサケ稚魚の放流は、栗山川より少し遅れて昭和五十六年に始まった。このころにはもう、利根川のサケは見かけることも稀といった状態であった。安岡章太郎が利根川沿いで取材をしたのは同四十年（一九六五）のことだが、

「いまでは墨田川はおろか、利根川で鮭がとれるのは十年に一度か、二十年に一度しかないということ」

と書き残している。

ただし、それからのちも遡上が全くとだえていたわけではなかった。同五十八年、埼玉県行田《ぎょうだ》市と群馬県邑楽《おうら》郡千代田町にまたがる利根大堰《おおぜき》の魚道を通過していったサケが二一匹いたことが確認されている。これは前々年に放流が始まって、まだ二年しかたっていない個体群の回帰ではない。つまり、水量の減少や水質の悪化にもかかわらず、利根川で産卵をつづけていた天然魚が、

わずかながらいたことになる。

利根川でのサケ稚魚の放流は以来ずっとつづけられ、平成二十五年（二〇一三）には利根大堰の魚道で観測された回帰数が一万八六九六匹と事業開始後の最多を記録した。ところが、同二十八年を境に数千匹単位に減っている。その原因は、いまのところわからないという。

四〇　府馬《ふま》の大クス――香取市府馬

山倉大神から東へ六キロ余り、ほぼ同じ四〇メートル前後の標高の台地に府馬という村がある。ここに「府馬の大クス」の名で知られる巨木が立っている。

樹高一六メートル、成人の目の高さでの幹周り一五メートル、根元での幹周り二七・五メートルほどになるという。大正十五年（一九二六）に国の天然記念物に指定されたときからクスとされていたが、その後の調査で実はタブであることがわかった。タブもクス科であり、イヌグスの俗称で呼ばれることから指定の折りに間違ったようである。

とにかく、タブとしては全国最大級とされ、樹齢は一三〇〇年から一五〇〇年くらいだと推定されている。数百年を超す巨木は内部が空洞になっていることが多く、樹齢を測る方法がないのである。

このタブは宇賀神社の境内に立っている。同社は、ほんの祠《ほこら》にすぎない。祠はタブが大きく成長したあと、それを神格化して祀られたのかもしれない。しかし、逆に祠のある場所が一帯の人びとの聖地であり、その表示にタブを植えたことも考えられる。クスやタブは生命力が強く、しばしば一〇〇〇年を超して生きるうえ、独特の芳香をもつためであろう、神社の神木にえらばれることが珍しくないからである。

大クスの北西側の、いま公園になっている平坦地からは、平成十六年（二〇〇四）の発掘調査で弥生時代から奈良時代へかけての竪穴住居跡が発見されている。タブの推定樹齢に誤りがないとすれば、「大クス」は奈良時代のころ、そのムラの一角で成長を始めたことになる。

府馬の大クス。実はタブだが、タブとしては全国最大級である。

当時、このムラの住民が食糧を得ていたのは、台地の北東および北方に広がる黒部川上流沿いの低地であったと思われる。そこは「千丈《せんじょう》ヶ谷《やつ》」と通称される湿地帯で、「千丈」（一丈は三メートルほど）の名のとおりかなり広大なヤツになっている。ヤツ、ヤチ、ヤト、ヤは湿地を意味する東日本特有の言葉であり、そこに開かれた水田を「ヤツ田」「ヤチ田」と呼ぶ。ただし、今日では山と山、丘と丘とのあいだに切れ込んだクボ（窪）のような地形にある田を指す場合が、むしろ普通かもしれない。そこには、だいたい水がわいており、ヤツとなっているからである。

弥生人が、まず耕作を始めたのはヤツ田が多かったらしい。広々とした平野に用排水路を通し、畔《あぜ》を巡らし、溜め池を築き、水害を防ぐ土手を造るには多数の人間の共同作業が必要で、それには生産力の増大と権力の集中を待たねばならなかった。これに対し、山あいの小湿地は水の管理が容易で、少人数でも開発が可能である。さらに、外敵へのそなえといった理由もあったのではないか。

千丈ヶ谷のあたりは、縄文時代には海だったようである。そう推測できる証拠が残っている。府馬から千丈ヶ谷をはさんで二・五キロばかり北東の阿玉台《あたまだい》貝塚（香取市阿玉台）と、そこから東へ一キロ余りの良文《よしぶみ》貝塚（同市貝塚）が、それである。ともに国の史跡に指定されている二つの貝塚は、いくつもの貝の堆積群からなるが、ざっと五〇〇〇年ほど前を中心にした遺跡とされている。

貝はハマグリ、アサリ、シオフキなど海のものがほとんどであり、スズキ、クロダイ、マダイの骨も見つかっている。ここらあたりから現在の海までの距離は一〇キロではきかない。海産生物に頼って生きていた以上、海からそんなに遠く離れたところに住んでいたはずがない。

となると、海がもっと近くまで迫っていたことになる。その候補としては阿玉台の西側直下の千丈ヶ谷や、良文の北東一・五キロくらいから先に広がる現香取郡東庄《とうのしょう》町笹川の水田地帯が、まず挙げられる。香取の海が、ここらまで湾入していたと考えて間違いあるまい。

また、三キロほど南から九十九里浜へかけて水をたたえていた「椿の海」を漁場に含んでいた可能性もある。椿の海は江戸時代の前期に埋立てられて、「干潟《ひがた》八万石」と称される視界の果てまでつづく大水田地帯になって今日に至っている。

要するに、府馬が位置する台地周辺には、縄文時代から人びとの暮らしが営まれてきたのである。そのある時期から大クスの立つ場所はムラの聖地になっていたのであろう。いまの宇賀神社は保食《うけもち》の神を祀る農耕民の社であり、いつごろからその名で呼ばれるようになったのか不明ながら、タブが育ちはじめた千数百年前すでに、千丈ヶ谷で水田耕作をしていた住民の祭場であったことは十分にありえると思う。

四一　「椿の海」から「干潟八万石」へ——旧干潟《ひがた》町、海上《うなかみ》町

府馬の大クスが立つ台地の南方に、江戸時代の初めまで、上から見た形が台形に近い広大な沼があった。

「椿の海」

と呼ばれ、東西が一二キロ、南北が六キロくらい、いまのＪＲ総武本線の北側五〇平方キロほどを占めていた。

それは旧香取郡干潟町のほとんど、旧海上《かいじょう》郡海上町のざっと半分、さらに旧旭市の北部や旧八日市場市の東部にわたっていたが、平成十七年（二〇〇五）、前三者が旧海上郡飯岡町と合併して旭市に、八日市場市も翌年、旧匝瑳《そうさ》郡野栄《のさか》町との合併で匝瑳市となったから、現今の自治体ではこの二市にまたがる地域に存在していたことになる。

伝説によると、はるかな大昔、ここに高さ数百メートル、枝の広がり数キロに及ぶ巨大なツバキの木が生えており、花が咲くときは天が紅に染まり、散れば大地が赤い錦を敷きつめたようになったという。この木が枯れて根とともに倒れてできたのが椿の海だったとされている。

実際は古代、ここまで湾入していた太平洋が、風と波浪によって吹き寄せられた砂洲《さす》のため出入り口をふさがれて潟湖《せきこ》が生まれ、やがて淡水の沼となったのである。深さは最大でも二メートル前後しかなかったらしい。

江戸が首都となって人口が増え、食糧需要が急増すると、この浅い沼に目をつける者が出てくる。元和（一六一五―二四年）のころ最初の干拓の願いが出されたようだが、幕府は許可しなかった。沼の南側に点在する旧村は沼から農業用水を得ており、埋立てに強く反対したことが理由の一つだったと思われる。その後も許可された者はいたものの資金が枯渇するなどの紆余曲折をへて、寛文十年（一六七〇）ようやく排水用の新川（という名の水路）が完成、水を九十九里浜へ落として三四〇〇町歩（一町は、およそ一ヘクタール）の耕地が出現したのだった。そこはいつのころからか、だれいうともなく、

「干潟八万石」

旭市萬歳（万歳、万才とも）の丘の上から干潟八万石を望む。見えるのは、ほんの一部にすぎない。

と称されるようになった。

ほどなく、ここに一八の新田村《しんでん》が新たに成立し、その生産高は二万石を超したらしい。通称のように八万石には及ばなかったが、二万人が一年間にわたって暮らしていける米ができたのである。江戸期にしては、まれに見る大規模開発の成功例に数えてよいだろう。赤松宗旦は、

「湖水変りて民屋田園となれり」

と簡潔に記している。

ただし、問題も少なくなかった。干潟には流入する河川がほとんどなく、用水の不足で旱害をこうむりやすかったのである。それで、もとの沼のまわりに一四の溜め池を設けたが、とても足りない。江戸時代も明治以後も水争いが絶えず、とくに新川上流側と下流側の村の対立は常に深刻であった。また、干拓地と太平洋との高低差がとぼしく、排水不良のため、いったんまとまった雨が降ると一面がもとの沼のように

なったまま、なかなか水が引かないことになる。

これらが解決されたのは、干拓から三〇〇年近くもたった第二次大戦後の昭和二十六年（一九五一）のことである。大正時代に計画が始まった「大利根用水」が完成し、利根川からの引水が可能になったのが、この年であった。東庄《とうのしょう》町笹川の取水口で利根川から動力で揚水、トンネルを通じて水を干潟に流し込むことにしたのである。今日では、これにいくつもの枝用水が付けられ、用排水ともほぼ問題がなくなったといえる。

干潟八万石は、とにかく広い。目の果てまで水田がつづき、端はかすんでいる。そのどこに立っても、もはや「椿の海」といわれていた当時の面影は残っていない。

四二　砂山は、もう見えない――東庄町石出

利根川も河口まで、あと一五キロほどの右岸（西岸）に千葉県東庄町石出という、ごく小さな町がある。今日ではＪＲ成田線の車窓から眺めたり、国道356号を車で走りすぎたりすることはあっても、わざわざ立寄る人は、まずいないのではないか。

しかし、石出のあたりは幕末のころには、景色のよいことで知られていたようである。『利根川図志』には、

『利根川図志』所収の「石出より常陸の砂山を見る図」。手前の低い丘には樹木が描かれているのに、奥のもっと高い山並みには、それが全くない。

「此所《ここ》は利根川へなり出でたるところにて、常陸原の砂山と相対し風景至つてよろし」

と見えている。

図志は「石出より常陸の砂山を見る図」と題した絵も載せており、人馬が往来する松並木の街道の先に、帆掛け船が何艘も浮かんだ利根川の広々とした川面が描かれている。そうして、川の向こうには木のない山が横に連なっているのである。

もっと手前の、より低い丘が樹木におおわれていることから、絵画の手法として山並みの木々を省略したのではないことがわかる。そこには「砂山」の文字も添えられているのである。

すこぶる印象的な景観だが、この絵は写実だろうか。本当に、これだけの眺めの場所があったとしたら、宗旦でなくとも感心せずにいられなかったに違いない。ことに目をひかれるのは、川のかなたの壮大な砂山群の偉容である。画面右下の茶店で憩っているらしい人びとが何人もいるのも、もっともなことだと思われる。

絵がどの程度、実際を映しているのか、はっきりさせるのは結局むつかしい。ただ、図志が引用している既述の『鹿島日記』にも、

「日川《にっかわ》といふ里に、沙山とて草木などもなく、砂のみ立ちのぼれる高山あり」

と書かれているので、仮に実景どおりではなかったとしても、それに近かったことは間違いあるまい。

同日記は幕末の国学者、小山田（高田）与清《ともきよ》が文政三年（一八二〇）九月、香取神宮、鹿島神宮に詣でたときのものであり、日川とは石出の対岸、現茨城県神栖《かみす》市日川のことである。

わたしは、たしか三十数年前から石出付近は何度も通過している。だが、対岸にそびえる巨大な砂山など目にした記憶はなかった。それは不注意のためだったかもしれないと思い、令和二年の秋、改めて現地を訪ねてみた。図志の絵が写実だとしたら、いま全部が削り取られて完全に消えてしまったわけでもないだろうとの期待があった。

石出を通る街道は絵が描かれた当時、利根川のすぐそばに付いていたはずである。しかし、いまでは利根川は町から一キロも離れてしまっている。あいだは一面の水田である。わたしは農道を進んでいって堤防の上に立った。

対岸を見渡しても、どんな山も全く視野に入ってこない。代わりに、向かい側の堤防の高さを超す工場の煙突や建物などが遠望できるだけである。砂山は、きれいさっぱりなくなっていたのだった。

それにしても、ことごとく消失したりするものだろうか。痕跡くらい残っているのではないか。それを確かめたくて、わたしは茨城県側へ渡った。

四三　砂丘は工業団地になった――神栖市砂山

『鹿島日記』に名が出てくる「日川といふ里」すなわち神栖市日川は、常陸利根川の左岸（北岸）に面している。昭和四十三年（一九六八）編集の五万分の一図「潮来」の部によると、その標高は三メートル前後で、もとから「砂のみ立ちのぼれる高山」などはなかった。

小山田与清が言っている砂山は、ここから東ないし北東へ二―三キロばかりの、鹿島灘（太平洋）と常陸利根川の真ん中あたりを指していると思われる。当時、一帯に人家も集落もほとんどなく、ろくに地名も付けられていなかった。それで、ここら付近も含めて日川と通称していたのかもしれない。

とにかく、前記の五万図のころになっても、そこには「荒地」または「針葉樹林」の記号が付されているだけであり、人工物は書き込まれていない。中央部が、まわりよりかなり高くなっていて、最高所は三九メートルである。つまり、ここが「常陸の砂山」のもっとも目立つ場所の一つであったろう。

そこは現在、茨城県神栖市砂山という住居表示になっている。大部分が波崎《はざき》工業団地で占められており、もはや砂丘のかけらも残っていない。ただ、地名によって、ここら辺が巨大な砂山だったことをうかがえるだけである。

その地域の南端部、砂山一五番地に「若松緑地」がある。一角に歌人、斎藤茂吉（一八八二―一九五三年）の歌碑が建てられている。

「冬の日の　ひくくなりたる　光沁《し》む　砂丘に幾つか　小さき谿《たに》あり」

横の説明板によると、茂吉は昭和十年（一九三五）、弟子二人とともに銚子を訪れた折り、ここまで足を延ばして右の歌を詠んだのだという。

そのころには、まだ図志の絵のような砂山があったに違いない。いや、これから三〇年後でも、そう大きくは変わっていなかったことが、同四十三年編集の五万図を見てもわかる。

砂山の開発が怖ろしいほどの勢いで始まったのは、同四十年代のことであった。山はたちまち削り取られて、工場が次々に進出してきた。新しい道路が通じ、広大な各区画に角ばった建物や円筒形のタンク、風力発電用の風車、高さ数十メートルの煙突、鉄塔が並び、ひっきりなしにトラック、乗用車が行きかっている。そのどこが、半世紀余り前の地図のどの辺に当たるのか、もう照合は不可能だといって過言ではない。

しかし若松緑地は、かつての砂丘群の南縁近くに位置して、地形図に見える「宝山《ほうやま》」地区に当たるらしい。ここの砂丘は砂山の中央部よりやや低く、三九メートルの丘は四キロほど北西にあった。そこから、さらに北西へ三キロくらい、神栖市東和田二一に「砂山公園（砂山都市緑地）」がある。

神栖市東和田の砂山公園から北側の工業地帯を望む。

砂山公園は、若松緑地とは逆に常陸砂山群の、ほぼ北端を占めていたようであり、標高二七メートルの丘が手つかずのまま残されている。ただし、それは「砂のみ立ちのぼれる高山」ではない。丈こそ低いものの雑木におおわれ、名のとおりの緑地である。「常陸の砂山」はもともと、このような丘に砂が分厚く堆積していたのではないか。それで砂だけでできているように見えたのではないか。

公園の北側には巨大な工場群が広がっている。頂上から、それを眼下に見下ろすことができる。その夜景は知る人ぞ知るものらしく、インターネットには何枚もの写真がアップされている。昼間でも、その眺望は、なかなかの壮観である。図志の「石出より常陸の砂山を見る図」の砂丘は、一六〇年余りのあいだに、これだけ変化したことになる。それが近代化というものかもしれない。

四四　神之池は、いま七分の一に――神栖市溝口、奥野谷《おくのや》

砂山公園（砂山都市緑地）から西へ一キロほどのところに、かつて神之池（ごうのいけ、こうのいけとも）という大きな池があった。東西、南北とも最大二キロくらい、面積は二八九ヘクタールばかりの、三角おむすびのような形の淡水湖だった。

八世紀前半成立の『常陸国風土記』には、

「郡《こおり》の南廿里に浜の里あり。その東の松山の中に、一つの大きなる沼あり。寒田《さむた》と謂《い》ふ」（読下しは岩波書店の日本古典文学大系本による）

と見えており、そのころは「寒田沼」と呼んでいたらしい。

『風土記』の右につづくくだりによれば、寒田沼にはコイやフナが棲んでいて、沼の南西側一帯の水田に農業用水を供給していた。少なくとも同書には、とくに神聖視されていたとの記述はない。

ところが、『利根川図志』には、

「鹿島の神の池なり」

とある。この「鹿島」は地名のことではなく、鹿島神宮を指すと思われる。「神宮に付属する」とか「神宮の管理域内の」といったほどの意味ではないか。とにかく、神之池はそれゆえの名で

あろう。

神之池は現在、全く消えてしまったわけではない。おおかたは昭和四十四年（一九六九）に埋立てられたが、南西側の七分の一ほどは残されている。それは三角おむすびの下辺だけが食べ残されたごとくに、ほぼ東西に細長く延びて、現地で見ると、ゆったりと流れる川か、運河のような印象がある。長さは以前と同じく二キロばかりになるが、幅は三〇〇メートル前後しかない。

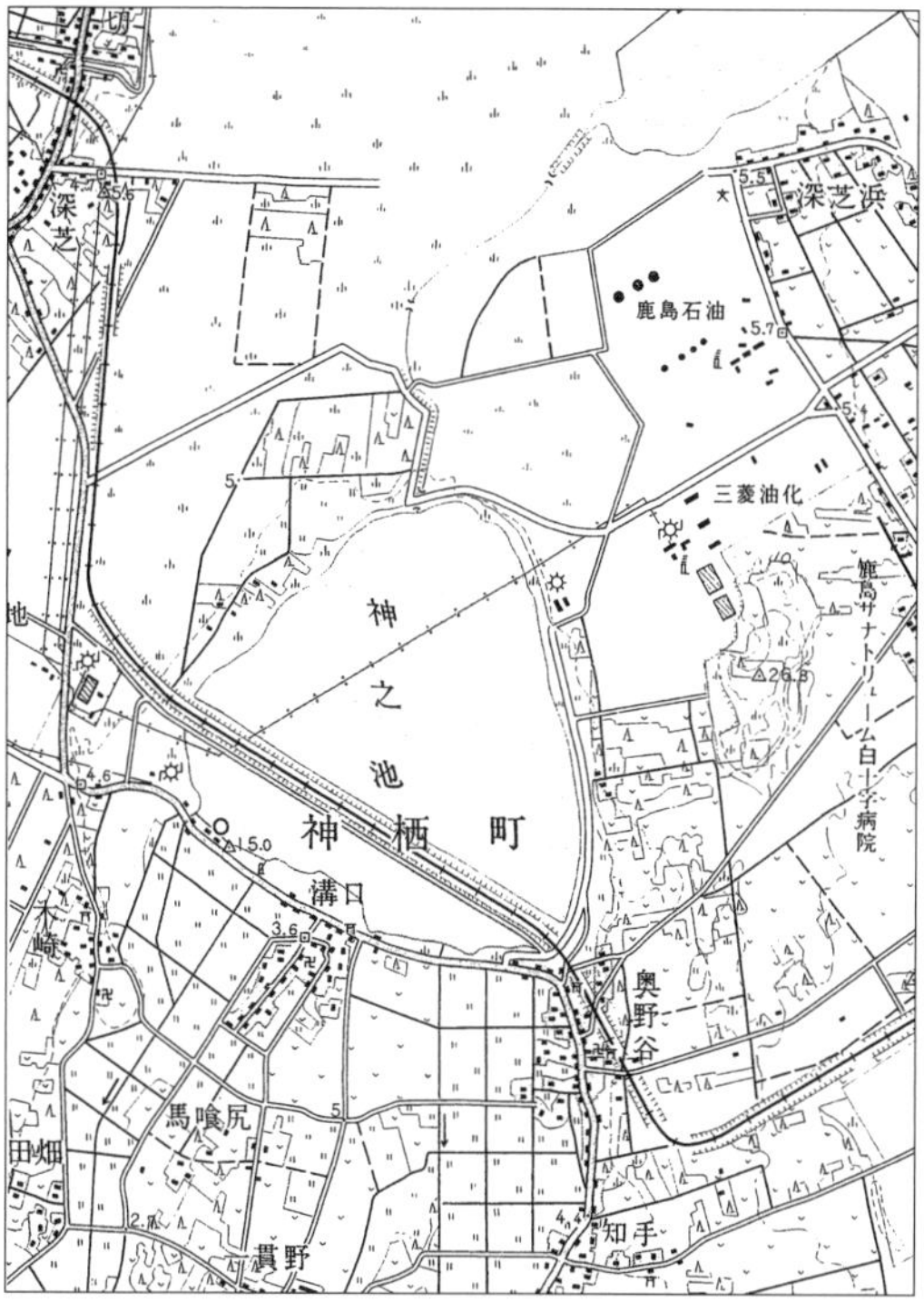

昭和43年編集の5万分の1図「潮来」に見える神之池と、その周辺。
池の形はもとのままだが、中を貨物線の鉄道が横切っている。

住居表示上は神栖市溝口および奥野谷になる。

前記の昭和四十三年編集の五万図「潮来」には、神之池が一変する直前の姿が明瞭に記録されている。これを見れば、当時、池を六対一に分けるような位置に鹿島臨海鉄道（貨物線）が敷設されていたことがわかる。その線路は、あたかも湖水を渡る鉄橋にかかっているかのような観を呈していた。翌年、両側に広がる池のうち七分の六を占める部分が埋立てられ、狭い方が保存されたのである。

埋立て地は、いま一面の工業地帯になっている。その中へ鹿島港の一部が深く入り込んでいて、その枝分かれした部分だけでも、現今の神之池より長く、幅も大きい。

四五　東国三社の一つ息栖《いきす》神社——神栖市息栖

香取神宮、鹿島神宮は、だれしもが知る巨大神社だが、この両社に息栖神社を加えて、「東国三社」と呼ぶことがある。東国は、この場合、箱根峠より東すなわち関東といったほどの意味であろう。

息栖神社は香取、鹿島にくらべ知名度において明らかに劣っていると思われる。一〇世紀前半成立の『延喜式』神名帳《じんみようちよう》によると、香取、鹿島は名神大社《みようじん》とされているのに、息栖はどういうわけか、同小社にも含まれていない。第二次大戦前の社格制度のもとで香取、鹿島とも最上位の官幣大社に入っていたが、息栖は県社であった。それでいて、関東三大神社の一つとされることがあったことになる。どんな神社なのだろうか。

息栖神社は、神栖市息栖二八八二の常陸利根川左岸（東岸）沿いに鎮座している。ちなみに、「神栖」の市名は昭和三十年（一九五五）、息栖村と軽野村《かるの》が合併した際、神之池と息栖神社から一字ずつとって神栖村としたことに始まっている。同四十五年、神栖町となり、平成十七年（二〇〇五）に波崎町を編入して現今の神栖市になった。

常陸利根川は、いまでこそ「川」ということになっているが、幕末のころでも香取の海の一部だった。『利根川図志』には、

「息栖神社　息栖村の海辺にあり」

と記されている。海に臨んでいたのである。

その歴史は、すこぶる古い。わが国六番目の官撰史書『日本三代実録』の仁和元年（八八五）三月十日条に、

「常陸国正六位上、於岐都説《おきつせ》の神に従《じゆ》五位下《げ》を授く」（原漢文）

と見える「オキツセの神」は、通説どおり息栖神社を指すと考えて、まず間違いないのではないか。オキツセは漢字で書けば「沖つ洲（スが訛ってセとなった）」と書くべき言葉で、ウキスも「沖洲」の訛りとみてよいと思う。

息栖神社入り口の一の鳥居。常陸利根川の舟溜まりに臨んで立っている。

息栖神社は社伝によれば、いまの社地から東南東へ七キロばかりの、やはり常陸利根川に近い現神栖市日川字石塚四二四一にあったらしい。その創建は弥生時代にまでさかのぼり、大同二年（八〇七）、藤原内麻呂《うちまろ》によって現在地へ遷されたとしている。内麻呂は当時、遥任（実際の赴任を免除された官）とはいえ武蔵守だったから、ありえないことではないが、たしかな裏づけはない。

内麻呂うんぬんがただの伝説だったにしろ、同社が石塚に鎮座していたことは事実とみなしてよいのではないか。そういう作りごとをかまえても、特段の利益があるとは考えにくいからである。

石塚の旧社地の南一五〇メートル余りに、権現山古墳が現存する。同市では唯一の前方後円墳で、古墳時代前期の築造だと推定されている。それが事実なら四世紀ごろになるだろうが、もっと下るにしても五世紀中として大過あるまい。ここは、そのころ香取の海の海ぎわにできた微高地だったろう。現在でも標高は三メートルくらいしかない。ここが「沖洲」だった可能性も十分にある。

古墳の北側には古墳時代から奈良・平安時代へかけての集落跡「石塚遺跡」が残っている。この土豪と住民が権現山古墳を築き、息栖神社を祀っていたのではないか。いずれであれ、彼らが香取の海を生活の場とする海民だったことは疑いない。要するに、息栖神社は海の民たちがいつく神であった。

今日、同神社は岐神（ふなどのかみ、くなどのかみとも）、天鳥船神（あまのとりふねのかみ）、住吉三神を祭神としており、いずれも交通とくに海上交通や、海とのかかわりが深い神々である。これは後世の採用だろうが、そこに神社の性格が色濃く反映されているといえる。

現神社の一の鳥居も舟溜まりに臨んで立っており、ここが海（いまは川になったが）から詣でる社であったことを示している。

四六　鹿島神宮「沼尾の池」は、どこにあったか——鹿嶋市沼尾

常陸国の一の宮、鹿島神宮の歴史は途方もなく古い。本節では主に一三〇〇年ばかり前のこと

を取上げたいが、これでも同神宮にとっては、せいぜいで「中昔」の話にすぎないといってよいだろう。

八世紀前半に成立した『常陸国風土記』は鹿島神宮について、

「天《あめ》の大神の社・坂戸の社・沼尾の社、三処《みところ》を合せて、惣《す》べて香島の大神と称《い》ふ」

と述べている。

意味にややとりにくいところがあるが、香島（鹿島の当時の用字）本宮と坂戸社、沼尾社の三社とも「香島の天の大神」を祀っているということであろう。七二〇年成立の『日本書紀』では、鹿島はタケミカヅチの神を祭神とし、坂戸と沼尾については言及そのものがない（現在は坂戸はアメノコヤネ、沼尾はフツヌシが祭神になっている）。しかし、どういうわけか、そのような名は『風土記』には現れない。ともあれ、そのころすでに鹿島神宮は「大神《おおかみ》」の名で呼ばれ、それに深い縁故をもつ、「坂戸」「沼尾」なる神社があったことがわかる。そうして、両社とも現存しているのである。

坂戸神社は鹿島神宮（茨城県鹿嶋市宮中《きゆうちゆう》）の北二キロほど（同市山之上二二八）、沼尾神社はそこからさらに北へ一・五キロくらい（同市沼尾一二九八）に位置している。いずれも神宮の摂《せっ》社《しや》（末社より社格の高い付属神社）とされているが、現今の社殿はそんなに大きくはない。ただし、森はよく発達していて、まわりが静かなせいもあり、いかにも古社らしい雰囲気につつまれている。

『風土記』の前引個所のうしろには次のようなくだりが見える。

「（神宮の）北に沼尾の池あり。古老《ふるおきな》のいへらく、神世《かみよ》に天《あめ》より流れ来し水沼《みぬま》なり。生《お》へる蓮根《はちす》は、味気《あじわい》太《はなは》だ異《こと》にして、甘《うま》きこと他所《あだしところ》に絶《すぐ》れたり。病める者、此の沼の蓮《はちす》を食《くら》へば、早く差《い》えて験《しるし》あり。鮒・鯉、多《さわ》に住めり。前《さき》に郡《こおり》を置ける所にして、多く橘を蒔《う》ゑて、其の賞《み》味《うま》し」

この文によって、神宮の北に「沼尾の池」という神聖視されていた水沼（淡水の湖沼）があったことが知られる。沼尾神社は、その池と同名であり、もともとは池の神を祀った可能性がありえるように思われる。だが、そのあたりを考える前に、この池がどこにあったかである。神宮の北にも、沼尾神社の近くにも、少なくとも現行の地図には、それらしい湖沼は載っていないのである。

　現地を訪ねるとすぐ気づくことだが、沼尾神社は台地のへりに鎮座しており、その南西側は一望の水田になっている。ここは明治のころまで「田谷《たや》沼」と称される、じめじめとした原野であった。田谷は沼尾神社の南東一キロばかりの集落である。

旧田谷沼には、いまも小さいながらヤチ（湿地帯）が何ヵ所か残っており、ほかには近くに、かつて沼尾の池であったような地形の場所が見当たらないことと、沼尾神社の「沼尾」が「沼の尻、端」を指す名であることを考えると、神社の下から南西方向に広がっている低地が、もとの沼尾池だったことは疑いあるまい。

　鎌倉時代中期の歌人、藤原（葉室《はむろ》）光俊は康元元年（一二五六）十一月、鹿島神宮を参拝した際、沼尾神社へも立寄り、

「ぬまのおの　池のたま水　神代より　たえぬやふかき　ちかひなるらむ」

沼尾神社の小ぢんまりとした社殿。まわりの森にはスダジイやタブの古木が多い。

の歌を詠んでいる。

これを収めた光俊の私家集『閑放集』は、いま残欠のみしか伝存しないというが、一三一〇年ごろ藤原（勝間田）長清《ながきよ》が撰した和歌集『夫木和歌抄《ふぼく》』は右の歌を引用したあとに、光俊による、「鹿嶋詣です。宮めぐりし侍るに、沼尾社べりの池のことざま、いさぎよく見えて」うんぬんの詞《ことば》書きが添えられていたと記している。まだ、そばにはっきりと池があったのである。

これに先の事実を合わせれば、沼尾神社が池の北東端の台地から池を見下ろす場所に祀られていたことは間違いないといえる。

一方、坂戸神社は池の南東べりの、やはり台地上に鎮座していたことになる。つまり、沼尾、坂戸の両社とも池を遥拝するがごとき場所を占めていたのである。しかも、池は「神世に天より流れ来」た神池であった。となると、二つの神社は池の神を祭神として創始されたことになりはしないか。

ところが、『風土記』では両社の祭神は香島と同じ「香島の天の大神」としている。もし右のとおりであれば、香島も沼尾の池の神を祀ったことになるはずである。実際、そういう指摘もあるようだが、これは当たっていないと思う。香島は香取や息栖《いきす》と並んで、香取の海に生きる海民たちの信仰が生んだ神、要するに海の神であったことが確実だからである。

ただし、そうであっても坂戸、沼尾の両社が神宮と同じ「香島の天の大神」を祭神としていたことと必ずしも矛盾しない。かつての香取の海は外海と変わらない塩分の濃い海であった。そのような土地では、

「鮒・鯉、多に住《さわ》めり」

といわれたほど大きな淡水の湖沼はきわめて貴重であった。そのために信仰の対象になっていたのである。

香取の海をあがめたのも、沼尾の池を遥拝していたのも、ともに香取の海べりの人びとであった。

なお、『風土記』が述べる、

「前に郡を置ける所にして」

の一文は、同書が編纂された当時、神宮の南一・五キロほどにあった香島の郡家《ぐうけ》(郡庁のこと)が、それ以前には沼尾の池のほとりに置かれていたの意である。

これも同池が、いかに重視されていたかを示している。

四七　安是《あぜ》の嬢子《いらつめ》の里——神栖市波崎《はさき》

鹿島神宮は、東の鹿島灘（太平洋）と西の北浦すなわち、もとの香取の海とのあいだに鎮座している。

この二つの海にはさまれていた砂洲は、ほぼ南北に細く長く延びて、南のとっさきは現在、利根川河口の左岸（北岸）になる。『常陸国風土記』が編纂された八世紀の前半ごろ、このあたりは「安是」と呼ばれていた。

『風土記』には、「那賀《なか》の寒田《さむた》の郎子《いらつこ》」と「海上《うなかみ》の安是の嬢子」の恋愛譚が、かなり詳しく述べられている。二人は、ひそかに逢う瀬を重ねていたが、ある夜、

「偏《ひと》へに語らひの甘き味《あじわい》に沈《おぼ》れ」

気がついたら夜が明けていた。すでに日が明るく照っていたのである。神に仕える身であった二人は、人に見られることを恥じて、

「松の樹と化成《な》れり」

と説明されている。これによって、神に奉仕する巫祝《ふしゅく》だった男女は、そろって神になったことを暗示しているのであろう。

右の「那賀の寒田」とは、既述の神之池《ごうのいけ》周辺の地名であった。同池は、安是から北西へ二〇キロ余り離れている。古くは那賀国造《くにのみやつこ》の所管地だったらしい。

いま利根川の河口近くにかかる銚子大橋の北詰めのそば、茨城県神栖市波崎八八一九の手子后《てごさき》神社は、「安是の嬢子」を祀った社の可能性が高い。同社は、もとは「手子崎」と書いていたが、テコ（テゴ）、テコナ（テゴナ）は若い女性を指す古語である。その社名と立地、さらに全幅の信頼を置くことは難しいにしても、創建は神護景雲年間（七六七―七七〇年）だとする社伝などから、手子崎神社の祭神は安是の嬢子であるとして、とくに不自然なところはないと思う。

神栖市波崎の手子后（てごさき）神社。「安是の嬢子（いらつめ）」を祭神として祀った可能性が高い。

この神社の氏子たちも、やはり香取の海に生きる海民であったろう。ここから外洋の鹿島灘までは一キロもない。しかし、鹿島灘は波が荒く、当時の技術では、ここで闊達な漁業を営むのは困難だったと考えられるからである。

これは安是よりももっと北、神之池の東方あたりのことだが、鹿島灘の荒さを語る話が『常陸国風土記』に載っている。

「軽野より東の大海の浜辺に、流れ着ける大船あり。長さ一十五丈《つえ》、潤《ひろ》さ一丈余《あまり》、朽ち摧《くず》れて砂に埋《うず》まり、今に猶《なお》遺れり」

一丈はおよそ三メートルだから、一五丈は四五メートルほどになる。「潤さ」は内側の幅のことらしい。これだけの大船が難破して、朽ちはてたまま鹿島灘の砂に埋もれていたというのである。

右につづくだりによれば、船は天智天皇の治世時代（六六八―六七二年）、大和朝廷の支配が及んでいなかった地域の探索・調査に派遣するため、陸奥国《みちのおく》石城《いわき》（現福島県南部の太平洋岸）の「船造《ふなつくり》」に命じて建造させたものだという。

石城よりもっと北に住む「蝦夷《えみし》」の様子を探る目的で造らせた船が、なぜ、ずっと南の海岸で遭難したのかはっきりしない。ただ、朝廷側の兵員を乗せようとすれば、いったん南下しなければならなかったはずである。その折りの難船ではなかったかと想像することはできる。それが南へ向かう途中ならまだしも、兵員とともに北を目指していたときだったとしたら、大きな人的被害が出たのではなかったか。

ところで、廃船が長いあいだ砂浜に放置されていたのは、どうしてだろうか。これだけの大船になれば、巨木をふんだんに使っていたはずであり、廃材の用途はいくらでもあったに違いない。建築資材としても最良であったろう。それを朽ちるにまかせていたのは、この一帯に集落らしい集落はなく、そもそも無人の荒野だったからではないか。ただし、これも『風土記』の記述が信頼できるとしてのことである。

四八　醤油メーカーのもう一つの故郷――銚子市新生《あらおい》町、中央町

「銚子」と聞いて多くの人が、まず頭に浮かべるのは、何といっても水揚げ量で日本一の銚子漁港であろう。ここは漁業というより漁業基地の町として、よく知られている。

次に抱くイメージは、観光地ではないか。銚子は太平洋に突き出した岬の先端であり、また全長三二二キロの利根川が行きつく果てである。最果《さいは》ては、どこによらず人を引きつけるものらしく、とくに何もなくても旅の目的地にえらばれやすい。ここには、そのうえ犬吠埼《いぬぼう》、君ヶ浜海岸、屏風《びょうぶ》ヶ浦《うら》、外川《とかわ》町周辺の奇岩群など名勝が少なくない。気候も温暖で、魚がうまいと思われている。

これらにくらべると、意外だと感じる方もいるだろうが、銚子は醤油の町でもある。いま参考までに、醤油メーカー別の国内シェアを記してみる（二〇一八年の統計による）。

①キッコーマン（本社・千葉県野田市）　二八・六％
②ヤマサ醤油（千葉県銚子市）　一一・七％
③正田醤油（群馬県館林市）　六・五％
④ヒゲタ醤油（東京都中央区）　五・一％
⑤マルキン醤油（香川県小豆郡小豆島町）　四・〇％
⑥ヒガシマル醤油（兵庫県たつの市）　三・九％

「生産高第二位のメーカーがあるだけではないか」

といわれるかもしれないが、そうではない。第四位のヒゲタ醤油は本社こそ東京に置いているとはいえ、工場をはじめ実際の事業活動のほとんどは銚子を本拠にしている。昭和五十一年（一九七六）、現社名に変更するまで銚子醬油株式会社と称していたのである。

この六社を醬油業界では大手六社と呼ぶそうだが、その第二位と第四位が銚子を拠点としているることになる。合わせて国内消費量の一七パーセント近くを占めており、「醬油の町」といっても、必ずしも的はずれにはなるまい。ヤマサもヒゲタも、創業は江戸時代の前期である。

両社は現在、銚子大橋の南詰めに近い新生町（ヤマサ）と中央町（ヒゲタの事業所、工場は八幡町）にあり、いずれも、かつて川港だったころの銚子港から至近距離に位置している。

醬油の主原料は大豆、小麦、塩である。銚子上流の利根川沿いは大豆、小麦の生産に適しており、塩は古代から香取の海で焼かれていた。しかし、この程度の条件をそなえた土地なら、ほかにいくらでもあった。

銚子市新生町のヤマサ醬油株式会社の本社および工場

銚子を醬油の町にしたのは、大消費地の江戸がそう遠くなかったことと、そこへの舟運にめぐまれていたことが何よりも大きかったろう。もっと上流の野田が江戸期以来、一貫して醬油の町としての地位をたもちつづけてきたのも、同じ理由からであった。また、醬油業の発達がその発祥の地・和歌山県と密接な関わりがあることは後述する。
ともあれ、右の三社だけで日本人が消費する醬油の半分近くを生産していることになる。これは利根川の底力といえるのではないか。

四九　高さ五〇メートルの垂直の崖「屛風《びょうぶ》ヶ浦」――銚子市名洗《なあらい》町、旭市上永井

「屛風を立てたような」

という、だいぶん手あかの付いた比喩表現があるが、実際は垂直にはやや遠く、六〇度か七〇度くらい、あるいはそれにも及ばない地形も珍しくない。

しかし、千葉県東端の屛風ヶ浦は、その斜度において右の言葉が少しも大げさではない。のみならず高さは五〇メートル前後、それが銚子市名洗町から旭市上永井にわたって延々一〇キロほどもつづいている。日本では、ほかに類がないスケールの大きな急崖ではないか。

『利根川図志』は、この景勝地について、

「(名洗町より)西南の方へ二里(およそ八キロ＝引用者)許《ばか》り海中に差しいで、浪打ぎはは巌壁の如く、この所を屛風ヶ浦といふ」

と、ごくあっさりと述べているにすぎない。赤松宗旦は行ったことがなかったのだと思われる。もし目にしていれば、必ずやもっと紙数を費やしていたろう。

これは、ほかの場所にまして残念なことだといえる。というのは、屛風ヶ浦は一九六〇年代に前面に波消しブロックを設置しはじめる前まで、毎年、はげしく浸食されていたからである。図志が世に出てから、そのころまでの一〇〇年余りのあいだにも著しく変化していたはずであり、

銚子市名洗町から屏風ヶ浦を望む。

宗旦の時代の様子が詳しく記されていたら、それがかなりの程度わかったに違いない。

例えば、「通蓮洞《つうれん》」のことである。銚子市と旭市の境に磯見川が流れており、その河口の右岸（西岸）側に、かつて特徴のある洞窟が存在していた。各種の地図には、いまなおそう書かれている。地名のような形で残っているのであろう。

通蓮洞が、どんな洞窟だったのか、正確なことは不明である。江戸時代に描かれた絵によると、それは波打ちぎわの崖の上に開いていたらしい。井戸のように、ほぼ垂直に下へ向かって延び、底には波立つ海面が見えたようである。穴の直径は数メートル、深さははっきりしない。

「蓮《はす》」は仏教の影響で極楽浄土に例えられることがある一方、海の底または彼方にも、そのような世界があるとの考えから、「通蓮」の名が付けられたのだと思われる。

この洞窟が、いつごろまであったのかわからないが、少なくとも第二次大戦前に崖ごと波浪に洗い流されて消滅していた。何しろ、屛風ヶ浦は一年に五〇センチないし一メートルばかりのペースで後退していたといわれているのである。一〇〇年で五〇―一〇〇メートル、一〇〇〇年で数百メートル以上になる。

鎌倉時代初期の武将、片岡常春の居城「佐貫城」は、屛風ヶ浦の西端「刑部《ぎょうぶ》岬」の近くに築かれていたらしい。それが八〇〇年も昔のことだから、むろんいまでは跡形もない。石垣でも残っているとしても、たっぷり五〇〇メートルは沖に転がっていることだろう。かつての自分の所有地が登記簿に載っていながら、そこはすでに海底となってしまった人がいるという話もある。

こんな調子で海岸線が崩落しつづけていったら、どんなことになるのか。その心配から波消しブロックの敷設が始まったのである。現在では屛風ヶ浦の前面、数メートルないし十数メートルに無数のブロックが並んでいる。

これで陸地の浸食は、ほとんどなくなった。ところが、新たに別の深刻な問題が起きたのだった。屛風ヶ浦から崩れ落ちた石や土は潮流に押し流されて、六六キロに及ぶ九十九里浜の砂となっていた。その供給が断たれたため、今度はこちらに海岸浸食をもたらしているのである。

近い将来、九十九里浜の後退をどうするのか、本気で考えなければならないときが来るに違いない。

五〇　銚子市外川《とかわ》町

1　紀州人の「植民町」

銚子半島の東端は細く尖っているのではなく、ほぼ南北に延びる五キロばかりの、やや長い海岸線になっている。その南端に近い銚子市外川町は、きわめて特徴的な構造の町である。

ここは江戸時代の初期に開かれた港町で、太平洋に面した漁港は北西から南東方向への線に沿って築かれている。だから、町は漁港の北東側に位置することになる。波打ちぎわからすぐ、かなり急な斜面をなしており、家々はそこに密集して建てられている。これはまあ、漁業集落として、そう珍しいことではない。

変わっているのは、一辺三〇〇メートルほどの正方形の土地が、港から見て縦に六本の道、横に九本の道で仕切った碁盤の目か、網の目のように整然と区切られていることである。それは、まるで近年のニュータウンのごとき町並みだといえる。

しかし、道は狭く、人家は大小さまざまなうえ、形も建築時期も異なっており、一見して近ごろの造成ではないことがわかる。この網の目状の構造には何か意味があるのだろうか。

江戸時代の前期、崎山次（治）郎右衛門という漁師がいた。

次郎右衛門は慶長十六年（一六一一）、紀伊国有田郡広《ひろ》村（現和歌山県有田郡広川町広）に生

まれた。あるとき沖合へ漁に出ていて難船、黒潮に乗って漂流しているうち、銚子半島の人びとに助けられたといわれる。

彼は、その恩返しに銚子付近へ移住し、この地方の漁民に「まかせ網漁」と呼ばれる巻き網漁の一種を伝えた。それまでは東国になかった大がかりな漁法でイワシを大量に捕ることができた。紀州は瀬戸内などと並ぶ漁業の先進地であり、そこで開発された「上方《かみがた》漁法」を関東や東北地方へも普及させるうえで、もっとも大きな役割を果たした地域であった。また、紀州人の移住により、和歌山の湯浅で始まった醤油作りが当地にも伝わったという。

当時、銚子半島には外海での漁業に適した港が、まだなかった。次郎右衛門は万治元年(一六五八)から四年がかりで、いまの外川に漁港を建設した。これが現在の外川漁港の始まりである。

外川漁港から外川の町並みを望む。後方の丘に向かって坂道が延びている。

彼は銚子移住後、次々と故郷の漁師を呼び寄せ、とくに外川を紀州漁師の拠点にした。ここはイワシ漁に特化した漁業基地であった。イワシの用途は、ほとんどが食用ではなかった。農地の肥料に使ったのである。

「干鰯《ほしか》」といった。イワシを干して固めたものである。

干鰯は人糞や植物の灰などにくらべ、肥料

として格段に有効であった。作れば、いくらでもさばけた。それが銚子沖では、ほとんど無尽蔵ではないかと疑われるくらい捕れた。ただ、生産には干し場がいる。何しろ量が半端ではない。外川の港に入った漁船から水揚げされた膨大な量のイワシは、港から背後の丘に向かって真っすぐ延びた六本の坂道を荷車に乗せて押し上げる。そうして、丘の上の砂地にぶちまけて干すのである。それで足りないときは横道も使った。外川の網の目のような町並みは、そういう目的のために設計されたのである。

外川は一時期、銚子半島随一の漁港として繁栄をきわめた。

「外川千軒」

といわれていた。『利根川図志』は、

「此所《この》むかしは家数千軒有りし猟場（漁場のこと＝引用者）なるを、今より七八十年以前、津浪にて家を流され亡失したりしが、今はまた家数多く出来《いでき》て大猟場となれり」

と記している。

右が、いつの津波を指すのかはっきりしないが、とにかく数千人の住民がイワシ漁によって生活していたのである。そうして、津波の大被害を受けながら、やがてまた人が集まってきたことになる。

その産業の基礎をきずいた崎山次郎右衛門は延宝三年（一六七五）、数えの六五歳のとき故郷の紀州・広村へ帰り、元禄元年（一六八八）、同地で生涯を終えた。七八歳であった。

今日、外川漁港はキンメダイ漁船の集結地になっている。ここで水揚げされたキンメは、「銚子釣り金目」のブランド名で人気が高いということである。

2　千騎《せん》ヶ岩《いわ》と犬岩

現外川漁港の西端に接して、「千騎ヶ岩」と呼ばれる、周囲四〇〇メートル、高さ一八メートルほどの巨大な岩体がある。いまは道路で漁港側とつながっているが、幕末のころには一〇〇メートルばかり沖の海中にあった。ただし、干潮時には、

「汐干《ひ》たる時は歩《かち》にて渡らる」（『利根川図志』）

状態になった。

ここを有名にしたのは、何といっても西寄りの中腹あたりに開いている、トンネルのような吹きとおしの洞窟であろう。残念ながら現在は立入禁止とされているうえ足場も悪くて、そばまで行くことはできない。しかし、江戸時代にはそうでなかったらしく、赤松宗旦は中へ入っている。次は『利根川図志』に述べられている、その折りの様子である。

「島の半腹に岩屋あり。是《これ》より入りてまた一丈（およそ三メートル＝引用者）余も下る。中は広くして横竪《たて》二三丈もあるべし。沖の方へぬけ穴あり。此所は大浪打かゝりて物凄《すさま》しく出る事なり難し。又中程より左の方へぬけ穴あり。是をゆけば高き所へ出る。岩角に取つき辛うじて頂に登るに、海中の島山、四方より大浪の打かゝるに、山も崩るゝかと思はれ、身は戦慄して目開かれぬ程なり。此山黒石にて岩角あらく、足いたみて容易《たやす》くは一歩も進みえがたき山なり」

洞穴は途中で沖の方と、上の方へ枝分かれしていたらしい。

この直前の文章によると、中に天狗が住んでいるとの言い伝えがあり、行く者は稀であったが、宗旦はそれを知らずに登ってみたのだという。

ここから三〇〇メートル余り北西に「犬岩」と称される奇岩がある。図志には次のように見えている。

「岸より続きたる一ッの島なり。魚とる者の長《おさ》なりとて、頂にたゞ一棟、清くめづらかなるさま

千騎ヶ岩と、そこにうがたれた洞窟。穴の向こうに青空が見える。

犬岩。海の方へ向かいうずくまった犬の姿に似ている。

に作りなし、住寂《すみさび》たる別世界、誠に塵《ちり》の世の外とおもはる」

この一文は、どうもわかりにくい。

犬岩は、犬が沖を向いてうずくまっているような形の巨岩である。頂上は海面からの高さが一〇メートルくらいあるのではないか。そこは狭く、登るのも簡単ではあるまい。どう考えても人が住めるとは思えない。肩とか背中に当たるところも家を建てるのは難しそうである。

結局、「魚とる者の長」が住まいを構えていたのは、犬岩を眼前に望む岩場のどこかだったのではないか。それとても、近くの漁村から何百メートルか離れていたはずであり、まさしくわびしい別世界であったろう。なぜ一軒だけで、そんな場所で暮らしていたのか、もう推測するよすがもない。

五一　銚子半島の東端

1　犬吠埼は石切り場であった

既述のように、銚子半島の先端は尖ってはおらず、南北五キロほどにわたって岩場や砂浜がつづく海岸線になっている。その中には、半島全体にくらべたら小さな突起がいくつかあり、うち最大の出っ張りが犬吠埼になる。

犬吠埼といえば、だれでもまず白亜の灯台を思い浮かべることだろう。しかし、ここでは明治七年（一八七四）、イギリス人技師のリチャード・ブラントンが設計した高さ三一・三メートルの灯台で、といったような説明はひかえて、もっと別の話を取上げることにしたい。

『利根川図志』の「犬吠が崎」の項は、ここについてわりと簡単に、

「海上砥《うなかみと》（荒砥なり）是より出る。故に一名石切の鼻とも云ふ。此所に胎内くぐりといふ岩窟ありて、浪うち涯《ぎわ》へ通りぬけ、岩山へはひ登る。甚《はなは》だ難所なり」

と述べているだけである。

当時、むろん灯台はまだなく、

「日本本土の四島の平地では、もっとも初日の出が早い場所」

ということも知られてはいなかった。人が来るとすれば、波打ちぎわで「胎内くぐり」をして、そのあと断崖の上から太平洋を眺めることが主な目的であったと思われる。つまり、いまのように銚子では一番の観光地ではなかったらしい。

なお、「胎内《たいない》くぐり」は、狭い洞窟や岩のあいだなどをくぐり抜ける宗教習俗的な行為である。そのような空間を他界とみなし、いったんそこへ入って出てくることを擬死と再生（生まれ変わり）と考え、それによって新たな活力を得ることを願ったといえる。胎内くぐりに用いられたところは、おびただしくあって、おそらく全国で数千ヵ所は下るまい。犬吠埼には現在も岩の割れ目はあるが、それが図志に記された「岩窟」かどうかははっきりしないようである。

犬吠埼。荒砥の石切り場は先端部分にあったらしい。

犬吠埼は赤松宗旦の時代には観光地というより、むしろ砥石山だと意識されていたのではないか。砥石は粒子の大きさによって荒砥《あらと》、中砥、仕上げ砥に大別されるが、図志が注しているように、海上砥は荒砥であった。

砥石は、ほんの半世紀ばかり前まで、どんな家庭にも置かれている生活必需品だった。ステンレス製の包丁が普及する以前には、これで定期的に包丁などの刃物類を研いでいたのである。そのころの子供は、たいてい「肥後守《ひごのかみ》」という小型の折りたたみナイフを持っており、それで鉛筆を削ったり、竹とんぼなどの遊び道具を自製していた。だから、砥石も使った経験がある者が多いのではないか。

とにかく、砥石の生産、販売はなかなか大きな産業であり、これにかかわって生計を立てている人びとが少なくなかったのである。犬吠埼の石切の鼻も、そのような現場の一つであったろう。

銚子半島で砥石が採れたのは犬吠埼にかぎらず、例えば前述の外川町なども荒砥の生産地であった。現群馬県甘楽《かんら》郡南牧《なんもく》村砥沢《とざわ》は一六世紀の半ば以前からの砥石の大産出地で、「砥沢」の地名もそれによっている。外川町の「外川」も、もともとは「砥川」の意であったのかもしれない。

2　柳田國男と弟の二人旅

銚子半島の真ん中あたりの数百メートル沖に、「海鹿島《あしか》」と呼ばれる岩礁群がある。

幕末のころには、ここへアシカの群れが上陸していた。『利根川図志』は、この島とアシカについて、ほかの項にはほとんど例がないほど多くの紙数を費やしている。次は、その冒頭部分である。

「あしか島は、岸より四五町（一町は、およそ一〇九メートル＝引用者）許《ばかり》はなれて、小島ふたつあり。年中あしか此島にあがる事二三十、或は八九十、多き時は二三百疋《びき》にも及ぶ。波打ぎはにひとつの丘あり。是に登りて望み見るに、数百のあしかかさなり合ひ、上になり下になりくるひ遊ぶさま、犬の子の乳を争ふが如し。其鳴声白鳥のなくが如く、遠く迄聞えてさわがし」

右の「あしか」はニホンアシカのことであり、いまでは絶滅した可能性が高いと考えられている。しかし、かつては北海道から九州へかけての沿岸に広く生息して、とくに珍しい動物ではなかった。

とはいえ、赤松宗旦の時代には、まとまって見られる場所はごく少なくなっていたらしく、だ

海鹿島の現状。明治27年（1894）には、すでにアシカは姿を消していた。

からこそ銚子の海鹿島が観光の名所として知られていたのであろう。図志の挿し絵には「海獺《あしか》島を望遠鏡《とおめがね》にて見たる図」が載っているが、近くの茶店で観察用の望遠鏡を有料で貸し出していたのではないか。

柳田國男は明治二十七年（一八九四）夏、末弟の松岡輝夫（のちの日本画家、松岡映丘《えいきゅう》）を連れて海鹿島の見物に出かけている。当時、柳田は松岡姓で数えの二〇歳、第一高等学校の学生で、輝夫は一四歳であった。

二人は、一家が住んでいた現茨城県利根町布川から、

「僅《わず》かな金をもつて夏の盛りに、利根川の堤を下つて行つた」（『利根川図志』の解題）

のだった。

銚子までは道のりで八〇キロは、あるだろう。帰りの船賃を除くと、宿代も行きの船賃もなかった。夜どおし歩くつもりだったのである。途

中で輝夫が、

「腹がへつてもうあるくのはいやだ」

と言いだした。無理もない。夜中に、ろくに飯も食わずに八〇キロを歩きとおそうというのである。

「あしか島を見せてやるから」

そうなだめ、すかしながら、とうとう銚子へたどり着いた。ところが、肝心のアシカは、もう島にはいなかった。

「さうして評判の遠目がねは割れて居た」

のである。アシカが姿を消したあと、そのままにされていたのだと思われる。

兄弟は、もうへとへとだったに違いない。

「是がその獣の皮だといふ毛の禿げた敷物の上で、梅干と砂糖とだけの朝飯を食べて還つて来たことがあつた」

と柳田は振り返っている。梅干しはともかく、砂糖をどうしたのだろうかと思う人もあるかもしれないが、飯に砂糖をまぶしておかずにすることは、ひとむかし前までは珍しいことではなかった。

柳田が、この文章を書いたのは昭和十三年（一九三八）七月四日のことで、弟の輝夫は同年の三月二日、満の五六歳で死去していた。

3　「黒生《くろはえ》」とは何か

慶応四年八月二十六日（一八六八年十月十一日）、旧幕府軍の海軍副総裁だった榎本武揚《たけあき》らは新政府軍への降伏を拒否し、咸臨丸など八隻の艦隊とともに仙台方面をめざして銚子半島沖を北上していた。

銚子市黒生海岸沖の黒っぽい岩礁群。海の難所として知られていた。

しかし、ここで暴風雨に遭い、海鹿島の北一キロほどの黒生海岸の岩場で、僚船の美賀保丸が座礁、沈没する。同丸はプロシャ（プロイセン）製の木造帆船で八〇〇トン、六一四人が乗っていた。ほとんどの者は海べりの漁民らによって救助されたが、一三人は水死した。

黒生海岸と、その沖は、航行に危険をともなうことで知られていた銚子半島の東側でも、とくに恐れられた海の難所であった。「黒生」の名も何となく、それを暗示しているかのようなひびきがある。この名にはもともと、どんな意味があったのだろうか。

四国や紀伊半島の太平洋岸に住んでいる漁師、海釣りの愛好家はもちろん、多少なりとも沿岸の地形に関心がある人間が、ここを訪ねてみれば、それが何を指すか、すぐにぴんと来るだろう。黒生海岸の地先には何十もの黒っぽい岩礁が、ほとんど常に荒れている波間に、わずかのあいだをおいて並んでいるのが見られる。右の地方では、このような岩礁のことをハエ、ハイと呼んでいる。文字は、

「碆」

と書くことがもっとも多く、「八重《はえ》」とか「硑」を用いている場合もある。

いずれにせよ、それは岩礁または満潮時には海面下になったり、干潮時でも海面にはあまり姿を現さないが、上からのぞくとはっきり見える暗礁を意味する言葉である。したがって、クロハエは「黒い岩礁（暗礁）」を指すことになる。

高知県や徳島県の太平洋岸には、無数といってもいいくらいのハエがあり、例えば高知県東部の室戸岬あたりだけで、

●一ノ碆・ビシャコ碆・コビシャコ碆・二ツ碆・小二ツ碆・タツワ碆・沖ノ碆・大グイ碆・芝碆・二子碆・石ノ碆・一ツ碆・上人碆・馬碆・鯨碆・芝居碆・女夫碆

など、十数例が国土地理院の五万分の一図に載っている。このほか、現地の人びとが「何々ハエ」と名づけている岩礁、暗礁は、室戸岬周辺にかぎっても数十、ひょっとしたら数百に及ぶかもしれない。

ハエの語は、そんなに広い範囲で使われているわけではない。九州では、大分県や宮崎県の四国に近い地域を除くと、

「瀬《せ》」

の言葉が右と同義になる。ただし、沖縄では同じ文字ながら、「シ（ジ）」と音が少し訛っている。瀬戸内海では「瀬」もあるが、岩礁も「島」と呼んだり、「磯《いそ》」「岩《いわ》」と称するのが普通のようである。広島県尾道市、福山市などには「ゾワイ」「礁（ゾワ）」と名づけられた岩礁も見える。山陰地方は、だいたい「瀬」か「島」のように思われる。その中に福井県小浜湾の、「赤礁《ぐり》」がまじっている。

ここから遠く飛んで、秋田県男鹿半島の岩礁に、「三繰島《みくり》」「尾館栗島」「小館栗島」などがある。もとは「クリ」「グリ」の語があったからであろう。

ここを含め石川県から北の日本海側には「島」「岩」が多い印象を受ける。津軽海峡をぐるっと太平洋側にまわれば、三陸海岸の岩礁帯に出る。ところが、どうしたわけか、ここの地図には名の付いた岩礁が、わずかしか見当たらない。その多くは「岩」「磯」「島」のようである。

もっと南下して福島県と茨城県になると、岩礁が少なくなる。その名は「岩」「磯」「島」が主といえる。

千葉県では「岩」「島」もあるが、「根《ね》」も少なくない。この傾向は、静岡県の伊豆半島などでも同じである。

要するに、関東あたりには岩礁を呼ぶ「ハエ」なる語はなかったといってよいだろう。それが銚子半島のとっさきに一つだけ、ぽつんと存在することになる。これは、なぜなのか。

その理由を考えるうえで、紀伊半島の岩礁名が参考になりそうである。この地方では岩礁は、だいたい「ハイ」と発音している。次は半島西岸の和歌山県日高郡日高町、同郡由良町、有田郡広川町の例である。

●黒ハイ・一ノハイ・二ノハイ・中の碆《はい》・大碆《ばい》・赤碆《ばい》・大倉碆《ばい》

南岸の東牟《む》婁《ろ》郡串本町の

●大沛《おおはい》

も珍しい字を宛てているが、大碆と同義であろう。

ここで気になるのは、黒生海岸のある、

●銚子市黒生町

の正式な読み方を行政が「くろはいちょう」としていることである。『利根川図志』では「黒はへ浜」、銚子電鉄の駅名では「かさがみくろはえ（笠上黒生）」なので、両様の発音がされていたのではないか。

そうして、ハエは「生」の文字によるものであり、ハイは銚子一帯に進出していた紀州の漁民にならった可能性が高そうに思われる。とにかく、この地名が西日本とくに紀伊半島沿岸から、ここへ運ばれてきたことは、まず間違いあるまい。

五二　銚子漁港

現在の利根川河口の右岸側は周知のように千葉県銚子市、左岸側は茨城県神栖市波崎《はさき》になる。銚子市域は、いま広い範囲を含んでいるが、もとの市街のあたり一帯は古い時代、「三崎《みさき》（三《み》前《さき》とも）」といっていた。陸地のとっさき、すなわち「岬」を指してのことであろう。

ここは江戸時代になって、「銚子口」と呼ばれるようになる。利根川は河口は幅が狭いのに、その奥は、かつての香取の海なので広くなっている。それが口がすぼまって、下は膨らんでいる銚子（とっくり）を連想させたのである。のち「口」がはぶかれて、銚子の地名ができた。

銚子は、対岸の波崎（古代の安是《あぜ》）と並んで、古くからの川港であった。両方とも基本的には漁港であったといってよい。漁場は主に香取の海であって、すぐ先の太平洋ではなかった。昔の技術では、波の荒い太平洋は危険すぎたし、内海の香取の海で十分に漁業が成り立ったからである。

銚子が全国でも屈指の川港に成長したのは、江戸時代に入ってからであった。江戸初期の利根川の東遷工事によって首都の江戸と舟運でつながり、物資の運搬基地としての地位が格段に高まったためだった。東北地方の年貢米や地元産の醤油などとともに、黒潮と親潮がぶつかる銚子沖の好漁場で捕れる魚介類が、利根川を通って江戸へ運ばれることになったのである。

『利根川図志』は幕末の銚子の繁栄ぶりについて、

「関東第一の湊にして、人家五千に余れりといふ。（中略）湊のかたには整々たる町家、新生《あらおい》・荒野《こうや》・今宮・松本あり。本城《ほんじよう》松岸の両町には、遊楼の全盛いふばかりなし」

と書き残している。明治初めの統計によれば、銚子は千葉県で人口が最も多い都市であった。

当時の銚子港は、河口から二キロばかり上流に位置していた。つまり、純然たる川港で、海には面していなかったのである。図志に見える新生町で二キロ近く、遊郭のあった本城町、松岸町は四―五キロも河口から離れていた。海のそばは漁村で、図志には、

「浜辺には魚油干鰯《ほしか》のわざおぎに、老少男女昼夜をわかたず」

と記されている。

銚子は、その後もずっと川港でありつづけた。それに変化が起きたのは、第二次大戦が終わってしばらくたった昭和四十年（一九六五）代の半ばからである。漁船を含めて船舶は大型化する一方なのに、川底はそれに見合う深さがない。そのうえ、上流から押し流されてくる土砂で年々、いっそう浅くなっていた。港自体が手ぜまだということもあった。

これらの問題を解決するため、河口先の海岸部まで港湾を拡張することになったのである。新たな「銚子外港」としてえらばれたのが、南北五キロにわたる銚子半島のうちの北端部であった。北の「千人塚」から、南東の黒生《くろはえ》海岸のはずれまで、海岸線にして二キロくらいが長い期間をかけて岸壁化されることになったのだった。この造成工事は徹底したもので、いまでは半世紀余り前までの景観は全く姿を消してしまっている。

中ほどに、

「めどがはな」

という名勝があった。

近年の表記では「夫婦《めど》ヶ鼻」としている例が多い。メドをミョウトの訛りだと考えたのであろう。しかし、これは誤解で、メドとは「穴」とくに小さな穴を指す言葉である。古い写真によると、海に突き出した高い堤防のような岩場の真ん中に、通り抜けの穴がぽっかりと開いている。これが名の由来だと思われる。

赤松宗旦は、

「目戸《めど》ヶ鼻」

の文字を宛て、

「東海第一の出さきなり」

と述べているが、穴には触れていない。

目戸ヶ鼻は新港の造成工事で破壊されつくして、すでに存在しない。跡地は銚子ポートタワーの東隣になり、最寄りの岸壁からでも一五〇メートルほども陸地に入っている。

新港の北西端に近い千人塚には、いっさい手が加えられていない。千人塚は、この近辺で遭難した漁師の霊を祀った、利根川河口と太平洋との境に臨む小高い丘である。水面からの高さは六メートルから七メートルくらいではないか。

銚子漁港の川港部分。後方に銚子大橋が見える。

ここのことは図志に、

「猟船（漁には元来は猟の字を用いていた＝引用者）の風あしくして帰りおそき時は、此塚《この》のうへにて火を焚き川口の目印とする由《よし》にて、頂に火を焚きし跡あり」

とも見えている。

このような場所は、たいていの漁港、漁村のそばにあり、ふだんは沖の魚群を見張ったり、入出港とくに出港の適否を判断するための「観天望気」に使ったりしていた。そこは「魚見山《うおみ》」とか「日和山《ひより》」と呼ぶことが多かった。

千人塚の三〇〇メートル余り北の海中に、銚子港一ノ島灯台がある。昭和九年（一九三四）の点灯で、かつては防波堤で陸地とつながっていた。波しぶきを浴びながら灯台まで歩いていくのが、近所の子供たちのちょっとした冒険だったという。しかし、堤は港湾拡張の際、陸地側が撤去されて渡れなくなった。

地形図を見ると、灯台のすぐ南東側に「三ノ島」と書かれている。いま灯台が建つ一ノ島などと並んで、利根川河口の航行を危険なものにさせていた岩礁群の一つである。図志には、

「岸に添うて一の岩二の岩という、大なる岩二箇所あり」

と説明されている。この一の岩が一ノ島だろうか。そうだとしたら、三ノ島があるのだから、二ノ島も残っていて不思議ではないが、地図ではどれのことか確認できない。ともあれ、この付近は、

「銚子河口てんでんしのぎ」

と恐れられていた。「てんでん」は「それぞれ」の意で、どの船も自分のことで精いっぱい、とても僚船に気をくばっている余裕などなかったらしい。
もう海難事故はほとんどなくなったが、
「大荒浪の岩にあたりて打くだけるさま、いとおそろし」（『利根川図志』）
という状景は、いまも天候によってときどき現れるようである。

おわりに

本書の、とくに前半部分の取材・執筆中、わたしは茨城県守谷市坂戸井の県道58号を、ほぼ毎週のように車で通っていた。自宅から利根川中流の左岸に向かう道筋に当たっていたからである。

わたしには、坂戸井にさしかかると反射的に思い出す建物があった。第一一節の２「最後の柴小屋」で取上げた、壁がすき間だらけの古びた小屋である。

「あれは一体、何だろう」

初めて見たのは、いまから一〇年以上も前のことで、以来、ずっとそう思いつづけていた。ただ、それは、わざわざ車を停めてたずねてみるほどの疑問でもなかった。

それが本書の取材で、このあたりを歩くことが多くなると、ますます目にする機会が増え、気になって仕方がない。とうとう令和元年の六月、裏側の家にいた男性に声をかけたのだった。

「あれは、うちの小屋ですよ」

男性は、そう前置きして、小屋は煮炊きや風呂を沸かすのに使う柴を貯めておく一種の倉庫だと教えてくれた。数十年前までは近隣のどの農家にもあったが、

「いまでは、うちだけじゃありませんかね。兄弟からは、みっともないので早く片づけてしまえって言われてるんですけど、ついそのままにしてあるんですよ」

と話していた。ガスが普及する以前の「柴小屋」だったのである。

地方の町場で育ったわたしは、広さが一〇畳ほどもありそうな大きな燃料置き場など見たことはなく、かつての関東の農村生活をしのぶ格好の民俗記念物のように感じて、

「そんなに慌てて壊すこともないじゃないか」

と念じていた。

ところが、令和二年十月中旬、一ヵ月ぶりくらいに前を通りかかったら、二、三人の男性が小屋を解体していたのだった。横では、その廃材が黒い煙を上げて燃えている。作業をしている人の中に、先の男性がいるかどうか、はっきりしなかった。しかし、いずれにしろ、兄弟から言われていたように、小屋を撤去するつもりになったことは間違いあるまい。それは持ち主の一家にとって長いあいだ、ただのじゃまものにすぎなかったろう。ようやく重い腰を上げたというだけのことだったのではないか。

一方、小屋にも所有者にも何の縁もないのに、わたしはその光景に、何か大事なものが失われてしまったような気がした。十何年にわたって、そばを通るたびに注意してきたのである。とりわけ、それが何のための小屋か知ってからは、妙な愛着さえ覚えていた。むろん、あかの他人の勝手な感情であることは、よくわかっている。しかし、理屈ぬきに惜しいと思った。横に座っていた家内も、

「壊さなくっても、いいのに」

と、いわれのない不満をつぶやいていた。そこには、風景を眺める者と、その中で暮らしている人間とのすれ違いがあるといえる。

ともあれ、こうして本書に収めた写真の一枚に写っている眺めは、もはや現存しないことになった。


わたしが拙著の出版を河出書房新社にお願いするのは、これで十何点目かになる。今回もやっぱり、売れ筋などとは無縁の地味な内容のものである。ありがたいことだというほかない。

原稿は、これまでと同じように同社編集部の西口徹氏に目を通していただき、適切な助言をいただいた。同氏および製作に携わられた関係者のみなさま、そしてコロナ禍の中で話をおうかがいした、ときに名前もお聞きしていない多数の方々に対して、この場をお借りして心からのお礼を申し述べます。

令和三年初夏

筒井 功

＊本書は書き下ろし作品です。

筒井 功

（つつい・いさお）

1944年、高知市生まれ。民俗研究者。
元・共同通信社記者。正史に登場しない非定住民の生態や民俗の調査・取材を続ける。著書に、『漂泊の民サンカを追って』『サンカ社会の深層をさぐる』『サンカと犯罪』『サンカの真実 三角寛の虚構』『風呂と日本人』『葬儀の民俗学』『新・忘れられた日本人』『日本の地名―60の謎の地名を追って』『東京の地名―地形と語源をたずねて』『サンカの起源―クグツの発生から朝鮮半島へ』『猿まわし 被差別の民俗学』『ウナギと日本人』『「青」の民俗学―地名と葬制』『殺牛・殺馬の民俗学―いけにえと被差別』『忘れられた日本の村』『日本の「アジール」を訪ねて―漂泊民の場所』『アイヌ語地名と日本列島人が来た道』『賤民と差別の起源―イチからエタへ』『村の奇譚 里の遺風』『差別と弾圧の事件史』『アイヌ語地名の南限を探る』などがある。第20回旅の文化賞受賞。

利根川民俗誌

日本の原風景を歩く

二〇二一年九月二〇日 初版印刷
二〇二一年九月三〇日 初版発行
著者―筒井 功
発行者―小野寺優
発行所―株式会社河出書房新社
〒一五一―〇〇五一
東京都渋谷区千駄ヶ谷二―三二―二
電話―〇三―三四〇四―一二〇一〔営業〕
〇三―三四〇四―八六一一〔編集〕
https://www.kawade.co.jp/
組版―株式会社ステラ
印刷―モリモト印刷株式会社
製本―小泉製本株式会社

ISBN978-4-309-22827-3
Printed in Japan

筒井 功・著

アイヌ語地名の南限を探る

日本列島のアイヌ語地名は
北海道と東北北部に限られる。
「モヤ」「タッコ」「オサナイ」
という代表的なアイヌ語地名をもつ
東北の37箇所の現場を検証し、
アイヌ語地名の南限を確定した
先史・実証地名研究の決定版。

河出書房新社